抉择
——二十一世纪看《易经》

［美］保罗·奥勃良 著

陈霞 译

如何使用这本书：

如果你熟悉《易经》，你可以用钱币或小棍先起卦，然后在《六十四卦表》里查找你所起的卦以及该卦所有的卦爻辞。

对于《易经》新手，请阅读第二部分，这里会介绍《易经》简史、如何起卦，以及《易经》的功能。

亲爱的读者，希望您喜欢！

六十四卦查对表

下卦＼上卦	☰	☱	☲	☳	☴	☵	☶	☷
☰	1	43	14	34	9	5	26	11
☱	10	58	38	54	61	60	41	19
☲	13	49	30	55	37	63	22	36
☳	25	17	21	51	42	3	27	24
☴	44	28	50	32	57	48	18	46
☵	6	47	64	40	59	29	4	7
☶	33	31	56	62	53	39	52	15
☷	12	45	35	16	20	8	23	2

喜读洋人解易经(代序)

陈奇智

《周易》问世已三千多年,就连早期解读《周易》的《十翼》也有两千多年历史了。《十翼》之后,《周易》与《十翼》被后世合称为《易经》,解《易》者亦不可胜数。古往今来所有解《易》者,大致可分为两派六宗:象数学派的占卜宗、禨祥宗、造化宗,和义理学派的老庄宗、儒理宗、史事宗。前者用以占卜预测,并从中提炼出宇宙观,以天立命;后者从中提炼哲学思想观念,以处世做人。这一局面,在中国三千年来未有多大改变,即使在今天,依然是学院派在大谈《易经》哲学,江湖派据以起卦算命而已。

1899年,一个二十出头的德国青年卫礼贤(Richaid Wilhelm),作为德国外派的传教士来到中国青岛,以"呵护在殖民地的德国的灵魂"。卫礼贤爱上了中国的风土人情,更被中国文化深深地吸引,他学说中国话,孜孜不倦地学习中国文化典籍,给自己改名为卫礼贤,字希圣,改信儒教,并自称是山东人。他放弃了传教士的角色,自觉地承担起翻译中国文化典籍的重任,一待就是二十五年(1931年去世,享年仅57岁),成为20世纪最著名的汉学家之一——卫礼贤翻译了《论语》、《孟子》、《大学》、《中庸》、《家语》、《礼记》、《吕氏春秋》、《道德经》、《列子》、《庄子》等,当然还有《易经》。这些译本涉及到儒、道等中国文化的最根本的经籍,迅速使中国传统思想和文化进入了德国主流思想界,继而被转译成欧洲多国语言,开始产生世界影响。

2 抉 择

卫礼贤翻译的《易经》被瑞士心理学家荣格读到,并且认真钻研,结果,荣格从组成卦象的基本元素阴爻和阳爻中,发明了他的"原型理论",又受阴爻阳爻叠加组合而产生变化的64卦及卦爻辞的启发,发明了他的"共时性原则"。荣格成为将心理学引入《易经》的第一人!1951年,《易经》在英国和美国出版了英译本,荣格专门为此书写了前言。

二十年后,在伯克利加州大学读哲学的19岁的保罗先生·奥勃良第一次接触到《易经》,此后的四十年,他一直浸淫其中。他先是反复研读,理解大义,并学着给自己起卦,用以指导自己的生活和工作;后来,他设计易经软件,试着用当代科技手段来起卦;再后来,他开办易经网站,向大众传播《易经》,并撰写本书,肯请中国社会科学院哲学所研究员陈霞女士翻译成中文,我也得以在此书付梓前阅读到中文译本原稿——这是我第一次了解洋人解《易经》:有趣,有感,有悟。

保罗先生在此书的《前言》中开宗明义地写道:"我们生活在一个急速变化的时代。一切变化得如此之快,以至于让人产生一种混乱感。由于技术和文化的改变,使得已经快速发生的变化比以前更加剧烈。生活总是处于不断的变化之中。人们终于发现,只有变化是不变的,只有这点才是我们可以确信的。"这段话正是《易经》的两个精髓:变易和不易。保罗先生认为:"在变革加速的时期,取得成功、获得幸福的关键就是变革我们的管理方法。适应变化的重要方法就是利用变化而适时做出调整。事实上,不管是个人、机构还是社会,做出明智的决策是每个人生活中必须具备的能力。"而在数十年研读《易经》中,他认识到:"《易经》不仅仅是一本经书,它是一个复杂的心理系统,能激发我们的直觉以便更好的看清事情的发展轨迹,帮助我们从更宽广的视野来诠释正在发生的事情,做出富有远见的决定。"因此,他积四十年生活工作的体验和经验,以及对《易经》的理解、领悟和运用实践,写出了这部著作。

现在,以64卦的"乾卦"为例,让我们来管窥保罗先生是如何解《易经》的——为了呈现保罗先生对此卦解读的完整性,我基本原文照录:

卦辞原文:元,亨,利,贞。

象传原文:大哉乾元、万物资始。云行雨施,品物流形。

保罗先生的解读:空气中弥漫着想象、灵感和能量。飞龙在古代象征着创造伊始的勃勃生机和能量的爆发。如果你的目标与人类更大的善相一致,在恰当的时机采取积极的行动就会迎来巨大的成功。这是行使领导力的绝佳时刻,因为你已经足够强大。但有言在先:如果强力变成了自负,那也会功败垂成。

保罗先生接着解释道:《易经》首卦全是阳爻,是《易经》中最为吉利的上上卦之一。得到此卦的任何人,如果能够按照自下而上的六个发展阶段采取相应的行动,一定能赢得成功。保持对周围环境的敏锐,按照正确的顺序,增强个人的影响力。时间本身就是一种方法,它能让曾经的潜在变成现在的事实。

保罗先生甚至解释了《象传》中的"天行健,君子以自强不息……":相信你的梦想并持之以恒,你周围的一切也会随之繁荣昌盛。呼唤创造性的力量,让它加持于你。专注你的目标,不要分心。否则,你会失去现有的创造力。采取行动之时,记住,在恰当的时机做出与之相应的恰当行为,毫厘无差,才能成功。

再看看保罗先生对"乾卦"爻辞的解读:

初九:潜龙,勿用。

——你或许拥有你自己都没有察觉到的创造潜力,你或许还没有得到他人的认可。如果时机还不成熟,那就好好保存你的实力。"与时偕行",过早地想着重大的进展,犹如冷水煮面,你应该等待冷水烧开。不要担心你取得成功的能力。满怀信心,你的时代正在到来。

九二：见龙在田，利见大人。

——事情正在向有利的方向发展。你的影响力在增加，你开始引起他人的关注，但真正的游戏尚未开始。眼光放长远一点，这样才能看清最佳的策略。你还没有到达足以引起重大变革的位置，听从智者的建议，与能够带来重大突破的人士结成同盟。

九三：君子终日乾乾，夕惕若。厉无咎。

——影响力的大门正在向你敞开。让自己更为积极，但不要奢望立竿见影。不要分散你的能量，专注你的目标与身心的合一，这样才能稳中求进。不要将你的创造力仅仅用于吸引他人的注意。记住，自由并不意味着随心所欲，它也可以是更上一层楼的机遇，但一定要胆大心细。

九四：或跃在渊，无咎。

——你的创造力日渐增加。现在，你可以做出明确的选择，要么前进，要么后退。此时此刻，你会感到些许焦虑，这是自然的。你有审时度势、伺机行动的自由。要么参与，要么退出。过去的就让它过去，但一定要考虑到任何行为所带来的长期效应。小心谨慎才会让你免于厚非。

九五：飞龙在天，利见大人。

——龙在升腾。你的力量也在不断增长。做一个对下属体贴的领导。这样才能赢得同事和合作伙伴的尊重。也许你所处的位置让你感到有些孤独，但有影响力的人士会看到你的才华。与你敬重之人结盟，并听取他们的建议。"同声相应，同气相求"，志同道合之人终会走到一起。当领导们团结共事之时，他们的力量是倍增的。

上九：亢龙，有悔。

——警惕个人的野心超过你真正的实力，避免追悔莫及。切忌自负,孤立自己只会带来懊悔。现在不是卷入冲突或者批评他人的时候。放松,重新开始发掘创造的潜力。

相比于国人囿于原文的"解易",保罗先生的解读则是开放性的。

首先,保罗先生对卦爻辞的理解,并不生吞活剥,而是作了开放性的发挥。古汉语极致简洁,因为距今久远,相对晦涩,却给予人充分的理解和想象空间。保罗先生基本抓住了爻辞的要旨,并不纠缠于原文词句的本义,对卦爻辞进行了西方生活化的诠释,更加通俗易懂,且生动活泼。如爻辞"九二、九五"中的"大人",保罗先生只看作是"上级、领导"。

其次,任何一种外来文化的移植,本土文化都必须具有足够的开放性,让外来文化获得适当而充足的水土和阳光,带着本原的精神,开出异域的花朵。保罗先生将荣格心理学和当代西方人的生活工作特点引入解易,更具有适应性和实用性。

第三,保罗先生在后续的解读中,删除了战争信息,以及中国特有的"男尊女卑"观念,并且在表述上迥异于原文,做了更多的发挥。因此,保罗先生的解读,是对《易经》做了一次西方式的改造。

那么,被保罗先生改造的《易经》以及卦爻辞,真的还有用吗?

答案是肯定的。

保罗先生认为,《易经》作为中国古代的占卜之书,并非是用来算命的,甚至不是用来预测未来的,而是通过一整套具有仪式感的起卦过程,并结合卦爻辞的提示,为你的决策提供启发、找到直觉——卦并不为你作决策,作决策的依然是你自己!

保罗先生在《前言》以及对《易经》的综合介绍时,明言自己解读《易经》时受荣格原型理论和共时性原则的影响。荣格深研《易经》后认为,阳爻和阴爻就是根植于人精神之中的两种原始意象,成为生命乃至世界的两种基本原型,属于集体无意识,并且认为《易经》是一种意识和无意识交流的仪式,它通过"数"的组合而成的卦象来显示无意识所给予的暗示。而阳爻和阴爻在一个卦象中以不同的形态位置六次叠加组合,意味着六种不同的事件虽不互相影响却同时影响了主体,从而产生卦象的特定含义——正是这个特定的含义,引导特定的人,在特定的境况里,作出特定的选择,从而影响你的人生。

保罗先生一再强调:起卦必须有仪式感——这种仪式感能够帮助你净心涤念,清除精神垃圾,获得清净纯粹的自我,让你能够专注于过程,并且根据得到的卦象及卦爻辞,来自我检查自我反省,结合自己时下的境遇,通过卦爻辞的指引或暗示,找到方向或解决问题的方法,作出最好的抉择!

事实上,一卦之中有一条卦辞和六条爻辞(乾坤两卦各有七条),其实就是七条质朴而至精的哲理,它们看似互不相关,却同时作用于你的思想,引起"纷至沓来"效应,促使你梳理和调整对自己以及境遇的认识;当这种"纷至沓来"逐渐沉淀下来,你就会获得一种"清晰"的感觉,或者说一种"明悟"、"直觉",让你"巧合"般得到有价值的启发,从而调整自己的思想、观念和行为,作出切合自己境遇的"是否"、"取舍"、"进退"等抉择。

保罗先生积四十年精研所得,阐述了西方人心中对《易经》的生动理解,这种理解,既有对卦象卦辞主旨的把握,也有天马行空的发挥,是基于对《易经》原旨的把握而进行的一次改造尝试。并且,保罗先生认为,起卦是为了得到卦象及卦爻辞的哲学指引,而非命理预测,却同样大有益处——虽与中国人的解读迥然有异,却又殊途同归。

大道至简,在于领悟和践行。

能够阅读保罗先生的大作,要感谢陈霞女士的慷慨和信赖,让我得以先睹为快。并且,陈霞女士的汉语译文十分优美生动,行文流畅，如诗如歌，为该书增色添香。

该书还附有水彩艺术家琼·拉里莫尔(Joan Larimore)的精美绘画，实为不可多得的佳作。

2018．2．28

琼·拉里莫尔(Joan Larimore)：

艺术家的说明：

乾，乾上乾下。

"此卦描述主卦和客卦的阳刚之力。下面的孢子象征着阳刚的能量，在其上面我画了一只蜻蜓，最后描绘了一个由树组成的带翼之蛇，它正穿过太阳，冲向那创造性的力量源泉。"

推荐序

这本由一位西方人撰写的《易经》新说,是给予个人与职业发展领域的一份特殊礼物。本书作者保罗先生将精致的西方心理学与对道家哲学精粹的敬畏合二为一,在新旧、东西(文化)之间创造出了一个绝妙的融合。

最为重要的是,决策性易经为人们及时做出更好的决定提供了一个切实可行的实操方法,对于任何有兴趣在生命中获得成功与幸福快乐的人士,有着现实的指导意义。我们强力推荐本书。

刘松林

北京本子幸福学院创始人

目 录

前言 ··· 1

第一部分 《六十四卦表》

一、乾 ··· 3
二、坤 ··· 6
三、屯 ··· 9
四、蒙 ··· 13
五、需 ··· 16
六、讼 ··· 20
七、师 ··· 23
八、比 ··· 26
九、小畜 ··· 29
十、履 ··· 32
十一、泰 ··· 35
十二、否 ··· 38
十三、同人 ·· 41
十四、大有 ·· 44
十五、谦 ··· 47
十六、豫 ··· 50
十七、随 ··· 53

十八、蛊 …………………………… 56

十九、临 …………………………… 59

二十、观 …………………………… 62

二十一、噬嗑 ……………………… 65

二十二、贲 ………………………… 68

二十三、剥 ………………………… 71

二十四、复 ………………………… 74

二十五、无妄 ……………………… 77

二十六、大畜 ……………………… 80

二十七、颐 ………………………… 83

二十八、大过 ……………………… 86

二十九、坎 ………………………… 89

三十、离 …………………………… 92

三十一、咸 ………………………… 95

三十二、恒 ………………………… 98

三十三、遁 ………………………… 101

三十四、大壮 ……………………… 105

三十五、晋 ………………………… 108

三十六、明夷 ……………………… 111

三十七、家人 ……………………… 114

三十八、睽 ………………………… 118

三十九、蹇 ………………………… 122

四十、解 …………………………… 126

四十一、损 ………………………… 129

四十二、益 ………………………… 133

四十三、夬 ………………………… 137

四十四、姤 ················· 140

四十五、萃 ················· 143

四十六、升 ················· 147

四十七、困 ················· 150

四十八、井 ················· 154

四十九、革 ················· 157

五十、鼎 ··················· 160

五十一、震 ················· 163

五十二、艮 ················· 167

五十三、渐 ················· 170

五十四、归妹 ··············· 173

五十五、丰 ················· 176

五十六、旅 ················· 179

五十七、巽 ················· 183

五十八、兑 ················· 185

五十九、涣 ················· 188

六十、节 ··················· 191

六十一、中孚 ··············· 195

六十二、小过 ··············· 198

六十三、既济 ··············· 201

六十四、未济 ··············· 205

第二部分 《易经》简介

第一章 《易经》是怎样一本书 ············· 208

第二章 《易经》如何发挥功能 ············· 218

第三章　如何起卦 ………………………………… 225
致谢 ……………………………………………… 235

附录
一、《易经》的起源与历史 ………………………… 237
二、蓍草起卦法 …………………………………… 239
三、《易经》艺术家琼·拉里莫尔 ………………… 240

前　言

《抉择》的产生

我们生活在一个急遽变化的时代。一切变化得如此之快，以至让人产生一种混乱感。由于技术和文化的改变，使得已经快速发生的变化比以前来得更加剧烈。生活总是处于不断的变化之中。人们终于发现，只有变化是不变的，只有这点才是我们可以确信的。

在变革加速的时期，取得成功、获得幸福的关键就是变革我们的管理方法。适应变化的重要方法就是利用变化，适时做出调整。事实上，不管是个人、机构还是社会，做出明智的决策是每个人在生活中必须具备的能力。

幸运的是，中国古代先哲发明并留给我们如此强大而深刻的管理变化的工具，那就是《易经》。这可能是世界上最古老的一本经书。但《易经》不仅仅是一本经书，它还是一个复杂的心理系统，能激发我们的直觉以便更好地看清事情的发展轨迹，帮助我们从更宽广的视野来诠释正在发生的事情，做出富有远见的决定。在过去的40年里，我对《易经》的崇敬和感激日益加深。自从在加州大学伯克利分校有人第一次把这本书介绍给我时，《易经》就一直在帮助我做出成年生活的每一次重大决定。

19岁那年，我在加州大学伯克利分校就读哲学，过着无忧无虑

2 抉　　择

的生活。除偏好哲学外,作为青年,大学里最让我感兴趣的事还是吸引女孩子! 有一天,一个男女同校的女生(很有魅力的一个女孩,她对我有很大的吸引力),拿着一本中国古代经典——《易经》来与我分享,教我如何"解读"卦象。她说这远古的智慧能解答我的任何疑问。我虽对她的"预测"不以为然,觉得这和算命没什么两样,但毕竟能找到机会和意中人一起相处,还是让人愉快的。于是,我内心一边打着破除迷信游戏的小算盘,一边迎合着她。

她让我随便写个感兴趣的主题,或者与我打过交道的人的名字,说:心诚则灵,《易经》会为我指点迷津。我自然没有太当回事,半开玩笑地涂了几笔。这随意的几笔便成了我和《易经》的第一次接触。

我按照她的指示掷了三枚中国铜币,一共六次,根据铜钱落下的正反面,开始起卦。她则翻着那本厚厚的书,那本书是卫礼贤翻译的《易经》。我对这个女孩更感兴趣,但我也很好奇那本预测书对我刚才乱画的东西有什么说法。她一直在卫礼贤—贝恩斯(Wilhelm-Baynes translation of the I Ching)的《易经》英译本上寻找答案。

这是我第一次接触《易经》。这一次起的卦反映了我的自作聪明,结果是第四卦,即"蒙"(Youthful Folly),表示一个未成年学生对其老师缺乏尊重。

太惊异了!《易经》居然完全无视我那个毫无意义的问题,代之以反映我漫不经心的态度。这简直就是对我的惩罚。我问那个朋友我能否再占一次。这一次,我的问题仍然很琐碎,我只是想考考《易经》而已,看看还会发生什么。《易经》再一次无视我那些毫无意义的问题,代之以"质问来访者的诚意"。唉,它反而在考验我。

不打不相识啊。事后回想起来,我认为这是《易经》在给我提供机会去了解它。自从我接受了这个邀请,迄今已经40年了,我从中获益良多。作为回报,我编写了这本现代的、实用的新《易经》卦爻辞,以便与他人分享《易经》带给人们的益处。

在我生活中的关键时刻,我常常用《易经》帮助我做出改变命运的决定。其他时候,《易经》则帮我恢复方向感,增强我的目标感,克服自我怀疑,引导我走上了一条更鼓舞人心、更真实、更正确的道路。《易经》卦象曾经让我下决心做出过一个巨大的、冒险的决定,比如1989年辞掉高薪、高管职位,去研发适用于多媒体的《易经》。即使我深深地沉迷于此,这个想法还是非常的不切实际,简直就是疯狂。无论是使用纸版的《易经》,还是使用我制作的能够在网上与预测者互动的多媒体版《易经》,我都会求助于《易经》以获得指导,并调整我的方向。我一直在这样做。尽管如此,出于尊重,我还是非常小心不要滥用或过度使用。在我的整个人生中,我使用《易经》主要是帮助人们解决无数单靠逻辑无法解决的问题。在人际关系、掌握时机、谈判、政治等领域,我们有大量的时候需要《易经》的指导!

在我个人使用《易经》的初期阶段,我用的是卫礼贤的英译本。朋友们告诉我,这个英译本一直是最畅销的《易经》译本,也被认为是最权威的(部分原因是因为荣格为本书写的序言)。随着我学习《易经》的兴趣越来越大,我搜集了二十多种不同版本的《易经》。多年来,每当我请教《易经》时,我都会阅读、比较各种版本。虽然卫礼贤的译本是我每次都会参考的,但随着时间的推移,我越来越意识到这个版本的局限性。我对中国历史的了解也证明了这点。卫礼贤将《易经》从汉语译成英文。他翻译的底本本身就反映了19世纪中国的一些偏见(当他翻译此书时,中国处于清朝,他得到了当时一位忠臣的帮助。其中一些内容是有利于清朝统治者的)。译自古代的经典,卫礼贤译本反映了那个时期的文化局限,如深受儒家文化的影响,译本有很浓厚的重男轻女色彩,有关战争的内容也太多。此外,卫礼贤的德文翻译贝恩斯(Baynes)有一点呆板的德国学术气息。

大约在2600年前,孔子花了很长的一段时间学习和阐释《易经》。传说他所做的"十翼"极大地影响了文本,反映了他的社会哲学,即强调在一个等级社会中个人尽自己的职责,认清自己的位置,安分守己。当然,我可以使用这个英译本,并同情地理解过去的文化,很多年我也是这么做的。同时,虽然我非常尊重《易经》悠久的传统,我也在思考怎样使用现代语言和图像以便更好地与现代使用者(尤其是女性)交流。原文中的"君子"带有性别歧视,文中也常出现"南征吉"之类的战争性语言。照本宣科地使用这些语言,对于像我这样的现代人会有些疑虑。在使用这本英文《易经》二十多年后,我强烈期望有一个更方便使用的现代版本,满足像我这样的心理更复杂的现代用户。

1988年我就有这个想法。当时,我是一家高科技公司的营销副总裁。尽管我对交互式多媒体软件的未来潜力着迷(尤其是像CD-ROM这样的发明),但科技业务本身并不能满足我。我不是工程师,营销数据通信系统的工作让我感到缺乏个人使命感和内在方向感。我处在十字路口。更糟糕的是,我对我的雇主失去了尊重,公司对文化的滥用让我看不到改良的希望。二十多年来,面对困境时,我总是求助于《易经》的建议。

经过特别艰难的一周时间,我自己精神非常紧张,我把卫礼贤—贝恩斯《易经》(Wilhelm-Baynes I Ching)带到了办公室,以便于我在需要重新找到平衡时咨询它。几周之内我用了好几次,我注意到随着为适应变化而给出的实用的、心理的建议外,那些卦爻辞似乎也在鼓励我去寻找更丰饶的牧场。然而,在那个时候,放弃我的工作,需要一个重大的信仰上的飞跃。那时,俄勒冈的波特兰并没有一个大的软件营销市场。但是,《易经》的建议是一致的。我被卡住了,这表明需要一个"突破"。

具有讽刺意味的是，上班时间使用《易经》使我产生了一个新的想法。在工作的第一线使用它让我受益匪浅，它帮助我适应变化中的混乱，提高了我的时间效率和应变能力。它提醒我如何找时间来进行自我确认；也提醒我有些时候最好什么也不做，让乌云自己散去；有时也会提醒我逃离，就像逃离地狱！

在办公室找一个私人空间（像一些衣柜）来抛掷三枚铜币是尴尬的，更何况还得抱着一本厚厚的书。我想，如果有一个版本可以在我的台式机上使用该有多么方便啊。这个想法唤起了我当时对多媒体的最初设想，那时我已经做了十五年的梦了。我开始设想一个程序，可以用鼠标复制传统《易经》的起卦方法。这个程序能代替起卦过程中手忙脚乱地记下每一个爻，用六爻再组成一个卦，再到经书中去查找相关的卦爻辞。为了便于今后参考每次起的卦，还得像一本期刊那样把每一次预测记录下来，研究卦与卦之间的演变。如果我的多媒体方法能够代替人做这些事情，模拟抛掷硬币时还能伴有舒缓的音乐，以及优美的艺术，以营造"情感的真实性"，那该多好啊！那是1988年，CD-ROM还没有发明出来呢。加载多媒体艺术和声音只能靠占用更多空间，用多个软盘，这是一个繁琐的安装项目。我四顾寻觅，却找不到关于《易经》或任何其他占卜的软件，更不用说迷人的多媒体软件了。

当然，我咨询了《易经》，询问我是否应该尝试设计《易经》软件（尽管到那时为止，我对软件的设计或开发没有经验）。对此，我得到的是"豫卦"变"丰卦"。看到古代圣贤鼓励我去做，我想了很久，查看我的储蓄余额，三思这个让人着迷的想法。尽管有许多实际的保留意见，我还是要试一试，看看有什么结果。为此，我几乎把所有的钱都花在一个自由程序员和一个艺术家身上了，请他们帮助我开发和制作电子版《易经》和六十四卦的原型。

当这个念头变成了一个小小的创业时，我决定成立一家公司——"幻想软件"（Visionary Software），以实现这个让我着迷的想法，即《易经》和多媒体软件的结合。我的灵感来自利用技术支持灵性的设想，也就是通过技术在互联网上提供"仪式空间"，帮助人们在古老神谕的指引下，凭直觉驱动做出更好的决策。

随着这个创新项目的进展，我意识到电子版《易经》需要新的卦爻辞阐释文本，并且是我自己拥有使用权的版本。写一本书，哪怕是一个相对较短的对《易经》六十四卦的解释，也需要做大量的工作。但我觉得当今世界需要一个比目前的任何译本更现代的、更注重个人的、非歧视的和更少战争气息的新《易经》。同时，我也要相当小心，要让我的新版《易经》在最基本的意义上，与卫礼贤—贝恩斯译本相一致，但使用的语言必须是非日耳曼式的，更多地依靠了隐喻，更多道家色彩而不是儒家色彩。这样一个新版，在我看来，既尽量地忠实于原文，又最适合现代西方人的精神气质。他们可以通过个人电脑（或后来的互联网）去接触、了解并使用《易经》。

考虑到我对神谕式《易经》深深的敬意，软件程序必须以与真实的起卦完全相同的方式来进行，无论是在数学上（这是最容易的部分）还是在能量的传达上都必须如此。例如，我不能容忍使用一个通用的"随机数生成器"程序来自动生成任何一个卦和爻（尽管这样做是任何一个程序员的第一本能）。我们必须弄清楚如何使用计算机来抛硬币，以确保抛币以形成每一爻的过程不会影响个人的能量连接，要形成真正有意义的人机一致（荣格称之为"共时性"）。我认为，爻和卦必须由用户自己抛币产生，万万不能通过某种自动化的计算机程序来为他/她生成。

最终产品花了一年时间（几乎让我破产），但我终于能够在多个软盘上打包并发布这款产品。我将之命名为"共时性"（Synchronicity）。结果，这款产品不仅是世界上第一个预测软件，也是最早的多媒体程序之一。第一款产品为九年后开发"变化之谕"（Oracle of

Changes CD－ROM)光盘打下了基础。我随后建立了流行的公共网站 I－Ching.com 和 Tarot.com。这之后,不断更新的《易经》文本通过我们现有的非营利网站 divination.com 发布出来,最后发布了最畅销的"幻想《易经》神谕卡应用程序"(Visionary I Ching Oracle Cards APP)。所有这些都吸引了数以百万计的访客和用户。

《幻想易经》(The Visionary I Ching e－book)电子书和 APP 应用程序提供了一个现代的,但却是忠实于古代《易经》的版本,还附上了水彩艺术家琼·拉里莫尔(Joan Larimore)的精美画作。此外,在六十四卦之后,如果你感兴趣的话,在第二部分,我们解释了《易经》的历史和心理信息,还解释了《易经》是如何发挥功能的。

对于从未使用过《易经》的读者,直接跳到第三部分,那里有详细的卦爻辞解释。

第一部分

《易经》六十四卦

*艺术家的说明：

乾,乾上乾下。"此卦描述主卦和客卦的阳刚之力。下面的孢子象征着阳刚的能量,在其上面我画了一只蜻蜓,最后描绘了一个由树组成的带翼之蛇,它正穿过太阳,冲向那创造性的力量源泉。"

一、乾(Creative Power) ䷀ 乾下乾上
乾为天

卦　辞

"元,亨,利,贞。""大哉乾元、万物资始,乃统天。云行雨施,品物流形。"空气中弥漫着想象、灵感和能量。飞龙在古代象征着创造伊始的勃勃生机和能量的爆发。如果你的目标与人类更大的善相一致,在恰当的时机采取积极的行动就会迎来巨大的成功。这是行使领导力的绝佳时刻,因为你已经足够强大。但有言在先:如果强力变成了自负,那也会功败垂成。

《易经》首卦全是阳爻,是《易经》中最为吉利的上上卦之一。得到此卦的任何人,如果能够按照自下而上的六个发展阶段采取相应的行动,一定能赢得成功。保持对周围环境的敏感,按照正确的顺序,增强个人的影响力。时间本身就是一种方法,它能让曾经的潜在变成现在的事实。

"天行健,君子以自强不息。"相信你的梦想并持之以恒,你周围的一切也会随之繁荣昌盛。呼唤创造性的力量,让它加持于你;专注你的目标,不要分心。否者,你会失去现有的创造力。采取行动之时,记住,在恰当的时机做出与之相应的恰当行为,毫厘无差,才能成功。

爻　辞

初九:"潜龙,勿用。"你或许拥有你自己都没有察觉到的创造潜力,你或许还没有得到他人的认可。如果时机还不成熟,那就好好

保存你的实力。"与时偕行",过早地想着重大的进展,犹如冷水煮面,你应该等待冷水烧开。不要担心你取得成功的能力,满怀信心,你的时代正在到来。

九二:"见龙在田,利见大人。"事情正在向有利的方向发展。你的影响力在增加,你开始引起他人的关注,但真正的游戏尚未开始。眼光放长远一点,这样才能看清最佳的策略。你还没有到达足以引起重大变革的位置,听从智者的建议,与能够带来重大突破的人士结成同盟。

九三:"君子终日乾乾,夕惕若。厉无咎。"影响力的大门正在向你敞开。让自己更为积极,但不要奢望立竿见影。不要分散你的能量,专注你的目标和身心的合一,这样才能稳中求进。不要将你的创造力仅仅用于吸引他人的注意。记住,自由并不意味着随心所欲,它也可以是更上一层楼的机遇,但一定要胆大心细。

九四:"或跃在渊,无咎。"你的创造力日渐增加。现在,你可以做出明确的选择,要么前进,要么后退。此时此刻,你会感到些许焦虑,这是自然的。你有审时度势、伺机行动的自由。要么参与,要么退出。过去的就让它过去,但一定要考虑到任何行为所带来的长期效应。小心谨慎才会让你免于责难。

九五:"飞龙在天,利见大人。"龙在升腾。你的力量也在不断增长。做一个体贴下属的领导,这样才能赢得同事和合作伙伴的尊重。也许你所处的位置让你感到有些孤独,但有影响力的人士会看到你的才华。与你敬重之人结盟,并听取他们的建议。"同声相应,同气相求",志同道合之人终会走到一起。当领导们团结共事之时,他们的力量是倍增的。

上九:"亢龙,有悔。"警惕个人的野心超过你真正的实力,避免追悔莫及。切忌自负,孤立自己只会带来懊悔。现在不是卷入冲突或者批评他人的时候。放松,重新开始发掘创造的潜力。

*艺术家的说明：

坤，坤上坤下。"我用肥沃的土地、耕种的犁沟、阴道来表示主卦的（大地或阴性的能量）顺承。对于客卦的顺承，我用了一轮满月来代表大地之上的慈柔之力。"

二、坤（Receptive Power）☷ 坤下坤上
坤为地

卦 辞

"至哉坤元，万物资生，乃顺承天。坤厚载物，德合无疆。"伟大的顺承之力会吸引智慧和祝福。在他人的帮助和自身的坚持下，无须莽撞的行动，从容应对便能带来成功。智者拥有的力量如同强壮而温顺的牝马。坤卦全是阴爻，代表了慈柔的力量。这种力量在现代社会尚未得到足够的尊崇，这种顺承的力量比我们想象的更强大、更吉利、更见效。

顺承之力细腻微妙，很容易因为过度的思虑、讨论和策划而忽略。当春天降临，难道小草是计划好了才发芽的吗？这是应该专注于现实而非潜在可能性的时候，应该考虑如何适应而不是指挥或操控环境。成熟的女性会让自己被更高的力量所引领，而且善于优雅地接纳。她以强大的精神性的方式默默地奉献，往往异常奏效，并带来深刻的成功经验。

此时不宜独断专行。如果你试图操纵事态，注定会变得迷茫、疏离。此时的首选应该是敞开胸怀、接受现状。耐心点，不要急于求成。从小心行事中吸取力量，将收到事半功倍之效。更多地关注自己的感受而不是贸然的行动，态度要宽厚深沉，这样才能优雅而自然地接纳我们所遇到的一切。像接纳百川的大海一样宽厚包容，让变化之流向你涌来。此时，你可能会顺从同伴的引领，基于内在力量而不是外在炫耀，自然而然地回应。当你不再控制之时，相较于在你自己的能力范围内摸索前行，你会走得更远。顺承之力因与创造性结合而不是与之对抗才能被激发出来。

爻　辞

初六："履霜,坚冰至。"就像秋天的第一场霜降预示着冬天的寒冷即将到来,你的现状或关系中出现了某些迹象。留心你现在能够察觉到的小的警示。现在就开始储备柴火,为最恶劣的严寒做好准备。注意衰退开始的征兆。

六二：动静结合。当我们因内在的沉静而自发地行动,并与外在的创造性力量相融洽,一切都会相安无事。好的结果并非来自事先的筹划、复杂的动机、费劲的争取。大自然是最好的老师,没有人为造作,一切美好的东西都自然而然地发生了。

六三：暂且把沽名钓誉之事留给他人,专注于无条件地接纳你自己。远离虚荣会给你带来巨大的优势。不要在人前炫耀你的美德,而应在内心养育这种美德。尝试着服务他人,你的生命自然会得到提升。允许果实慢慢地成熟。你现在需要的是默默地坚守。

六四：如果事情进展不顺利,你要冷静,谨慎行事。有一股于你不利的力量,你所做的任何事情都会被误解。此时要避免挑战这股力量,这只会遭致愤恨的报复。同时,避免流露出妥协,这会加重对你的不利。保持隐忍和警惕,让自己远离尘嚣或混迹于人群,不要让自己成为攻击的目标。

六五："黄裳,元吉。"当受邀参与一个项目或者进入一段关系时,你的可靠和谨慎将带来成功。礼貌而友善,你会赢得更大的影响力。此时的谨慎至关重要。如果你是真诚的,不是在演戏,好运将会降临。

上六：警惕棘手的关系或者个人边界的模糊。不要去争一个并不真正属于你的位置。当边界没有清晰划定时,狗与狗会互咬,国与国会互斗。如果此时你想改变角色,很有可能会引来一番血战。放慢脚步,在角色和责任没有清晰之前,不要贸然行动。

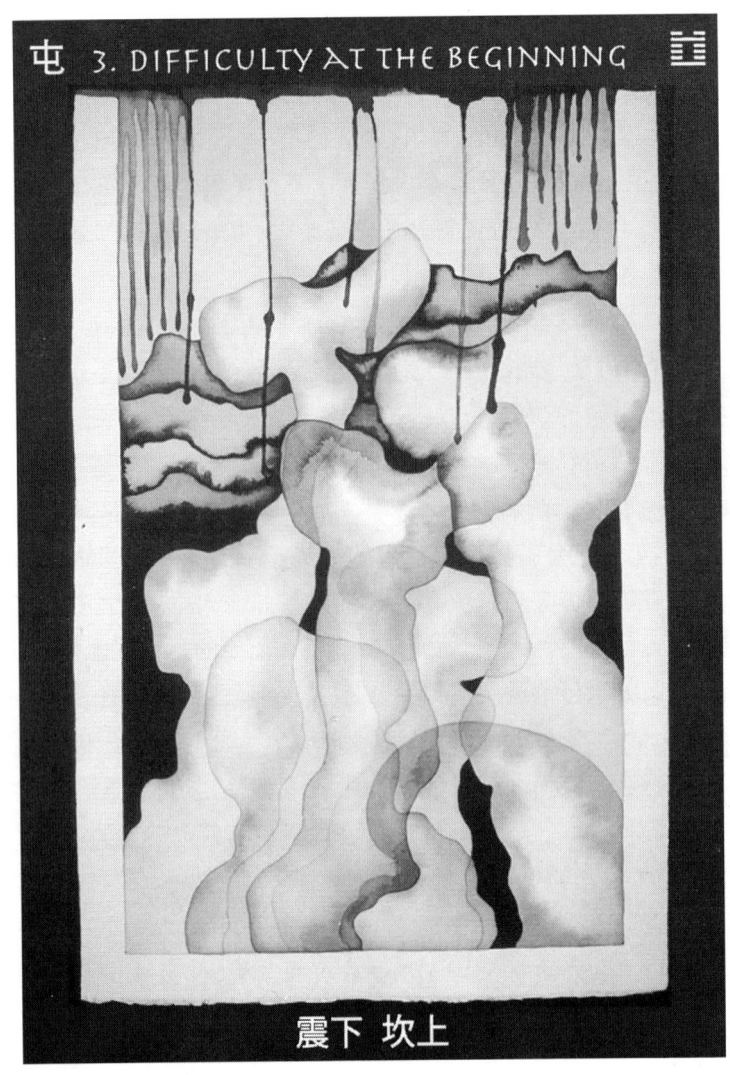

屯 3. DIFFICULTY AT THE BEGINNING

震下 坎上

*艺术家的说明：

屯卦，震下坎上。"对于这一卦，我的目的是描述刚刚开始的暴风雨。上面的雨点刚开始降落，下面的雷象征着即将来临的风暴。"

三、屯（Difficulty at the Beginning） 震下坎上
水雷屯

卦　辞

"刚柔始交而难生，动乎险中，大亨贞。"新的风险企业的诞生或新的关系的出现就是进入一个未知的领域。新生事物向你袭来，易于引起混乱。混沌中其实隐含着力量，但需要你把握得当。此时不要匆忙行事，不要纠缠在各种事务之中。即将跨出第一步，保持冷静，坚持不懈，争取尽可能多的帮助。

前面就有挑战，是你能够应对的挑战。增强力量、增加勇气。就像刚刚出生的小鹿，快速成长的机会就在眼前，但需要决断小鹿才能站立起来，并充分成长。尽管困难重重，但要坚持下去，你会取得你想要的成功。此时，最关键的挑战是如何保持清醒，避免匆忙做出决策。在没有认真思考成熟之前，不要开始一个新的项目或发展一种新的关系，耐心等待，直到看清事件的走向。起步阶段的莽撞会导致事件的失控。一定要听取经验丰富之人和明智的支持者的建议。

爻　辞

初九："磐桓，利居贞。利建侯。"现在道路受阻，保持决断，明智地行动。不要犹豫，但也不要强制性地干预事件的进程。此时，你还没有能力来把控局面，但也不要轻言放弃。抖擞精神、虚己以听，你会感召人们的追随。领悟他们的见地，征求比你经验更丰富之人的建议。

六二：陷于阻碍和困难，有时会出现突如其来的转机，峰回路转、柳暗花明。就像看似消极无用之人也会成为施与恩惠之人，而你一直信赖的人却突然变成了无赖之徒。即便看起来像新的命中贵人或盟友，也不要仓促地进入一场严肃的关系或其他的合作关系。

等待恰当的时机至关重要，即便这意味着在找到合作伙伴之前有段长时间的耐心守候。尽管你热切地期待发起一场运动，但是依然要提防现在看上去很吸引你、然而却是错误的决定，这个决定会带来诸多局限和无谓的付出。眼下，不要束手就范。在忍受艰难日子煎熬时，优先考虑的应是自我约束。

六三："即鹿无虞，惟入于林中，君子几不如舍，往吝。"继续你正在从事的事情可能会让你懊悔。仔细想想你究竟想要什么，有些事情并不适合你。你就像在一个陌生的森林里采蘑菇，却没有请向导来帮你辨认哪些是可食用的蘑菇、哪些是毒蘑菇。你迷路了。聪明人预见到困难，意识到继续下去将是多么愚蠢。在迷失之前，放弃这种追逐吧！

站在悬崖边上，最好放弃飞升的幻象，不要在岩石上摔得粉身碎骨。

六四：一个不同寻常的机会即将出现。刚开始的时候，会觉得有点尴尬，有点犹豫不决。谦恭下士、抓住机遇。在困难中接受帮助并没有什么不光彩。正确地评估每件事情，给你的合作伙伴一次机会，让他们知道你值得信赖。

九五：你也许感到难以接受他人对你的期待。在此情形下，小心翼翼地行动能够在细小的事情上带来成功。现在尝试去处理大的事务则不一定能够成功。埋头苦干吧，这个时候需要勤奋和认真。

上六：一些人被项目或关系启动之初的困难给难倒了。他们放弃了努力,并对任何努力嗤之以鼻。万事开头难,此难最危险。此时的痛苦常被误当作永远的障碍,导致了最终的放弃。"乘马班如,泣血涟如",如果你选择放弃,会像马车失去了马。

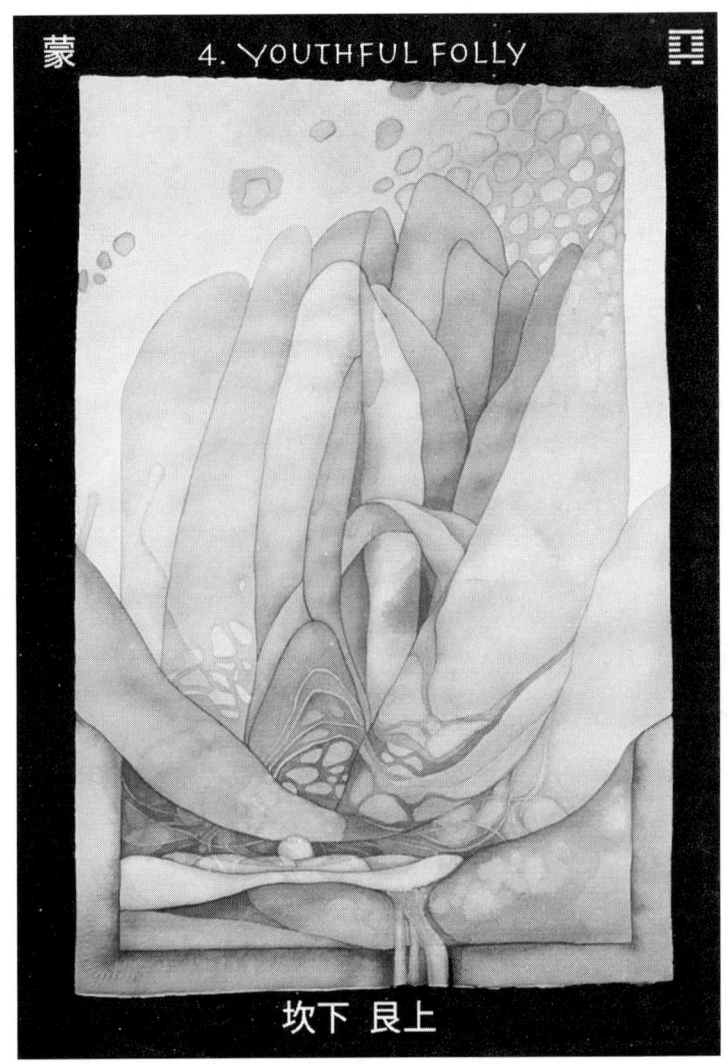

*艺术家的说明：

蒙卦，坎下艮上。"描绘蒙卦时，我选择了粉红和蓝色表现青春和新鲜，也使用了映像、影子、模糊地带，暗示年轻人缺少经验，有幻想的倾向。我希望这幅画能够展示迷人的幻觉却掩饰着陷阱。"

四、蒙(Youthful Folly) ䷃ 坎下艮上
山水蒙

卦　辞

"匪我求童蒙,童蒙求我。"要防患经验不足所带来的粗心大意或者反叛性格。正如一个需要指导的年轻人,这是倾听有耐心的老师,或者从生活经历中总结教训的大好时机。在你的生活中出现过这种情况吗?由于你没有理解到事情的内在复杂性而没有对此有真正的领会?能够对你有所教育的任何人、任何事,你都要心存一份敬意。如果你专注于某种人际关系,问问自己,你在哪方面是学生,又在哪方面是圣人呢?如果你已经为人父母,问问你自己:究竟谁是老师,是你还是你的孩子?

为了应对挑战,让终身教育成为你生活的一部分吧。培养强大的内心,才能帮你渡过难关。智者知道经验、特别是困难中获得的经验是最好的老师。但我们不能由他人强迫着去学习,即使从生活经历中学习。做一个谦逊的学生,愉快地学习,不断丰富自己。

检查那些使你局促、不开放的态度。观察自己如何看待他人的错误。让人们过他们自己的生活,接受他们自己的教训。仅当他们准备好接纳的时候,才提出你的智慧和建议。放弃那种去说服他人你是如何正确的努力吧,这是费力不讨好的事情。如果人们还没有准备接受,那就随他们去吧,即使陷入困境或危险之境。那是他们能够学习的唯一方法。不通过这种学习,无人能获得成功。这不意味着你不关心,只是努力关心他人有时是一种伤害,事与愿违,让生活去教会他们吧。

爻　辞

初六：持续的进步需要某种程度的秩序。训练始于纪律，年轻人因漫不经心或嬉闹玩耍误入歧途是很自然的事情。幼稚的成年人也存在同样的问题。纪律是取得成功必不可少的条件，但也要绕开那些窒息创造性的无聊的惯例或极端的规则。

九二：善待愚钝之人会有好运。对无知之人多点耐心。如果你有孩子，接受他们的不完美，给他们良好的教育，当他们需要你的时候一定不要缺位。有一天，他们也会这样。善待你的同伴，特别是当他们还没有达到你现在的成就的时候。内在的力量与外在的资源相结合，才能发展出真正的领导力。

六三：兢兢于财富、力量和美貌是危险的。模仿他人、多愁善感、刻意博取他人的尊重，容易使弱者失去个性。正如轻率的年轻女孩投入到帅气的百万富翁的怀抱，失去了自我，这种生活没有尊严。最好让你的上级、你青睐的伴侣、你的投资者或其他任何人，至少屈尊一下来迎接你。

六四：依赖幻象让人蒙羞。处于希望的激动中时，人们易陷入神奇的想象和幻梦。如果这样，出路只有两条：要么回到现实，要么自取其辱。选择取决于你。

六五：天真带来好运。不带先入之见，尊重生活中的老师，你会获得成功。当你保持一颗童心，你会像磁铁一样被新鲜的事物所吸引，从而得到看问题的独特视角。

上九："击蒙，不利为寇，利御寇。"你也许想纠正你所看出的他人的错误，但要当心，"罪行"会得到惩罚。藐视自然规律的人会承受报应。如果位高权重之人不去惩罚一个犯罪的行为，他们违背了同样的自然法则。这点你得坚持，但要记住，有效的惩罚，其目标是重回正轨，不是报复。

*艺术家的说明：

需卦，乾下坎上。"此卦中的坎包裹在云雾之中。水正要从处于下方的天空中溢出。没有动感的风景显示出'一切'都在等待，等待水喷涌而出。"

五、需（Patience） 乾下坎上 水天需

卦辞

渔夫可以撒网，但需等待鱼儿上钩。你的猎物会在某个时候出现，你不能让它提前出现，也无法给它一个计划出现的时间，甚至无法希望它什么时候出现。你也许需要提供它喜欢吃的东西（诱饵），通过你的耐心才能等到这条焦躁的鱼儿上钩，并最终享受一顿美食。在考察期，施展才华需要等待，坚定地等待。如果我们用这段时间来沉思，等待的时间将是非常富有成效的。这就是耐心。

你所做的任何事情都要坚定而谨慎地推进。稳定和坚持不懈是此时所需要的。等待是基本的技巧，耐心是强大的力量。对那些有内在力量的人来说，时间是朋友。这种力量允许你毫不妥协地真诚待己，坚持你所选择的道路。如果你保有积极的心态，时间就能消磨千难万险。匆忙行事，或强行安排某种结果，都会激起抵抗，带来挫折。你充其量能够带来一些表面的变化，这种变化会被迅速地颠覆。耐心等待，守住你的身心，逐渐导向缓慢却持久的改善。最终，你会取得更大的成就。安然地锻炼你的耐心。

爻辞

初九：麻烦已经隐约可见，会产生一些忧虑。避免过早地出击。过有规律的生活，不要试图改变你此时此刻的路径。你正在正确的方向上，别失去耐心或变得贪婪。即使有一个挑战向你逼近，从容应对只是做些准备，为未来的战斗积蓄能量。把焦虑的事情暂放一

边,做一点冥想。保持开放和敏捷,伺机而动。

九二:"需于沙,小有言,终吉。"此时易起冲突。你也许要忍耐流言蜚语,如果你保持冷静和大度,最终结局会是好的。车到山前必有路。想想细小的沙粒,不断的堆积终会形成湿地的堤坝和路堤。沙粒比石头更零散,比土壤更坚硬,却能够改变这两者的质地。如同沙粒,你必须坚强,包容他人对你的指责。避免卷入冲突,保持中立。

九三:"需于泥,灾在外也。自我致寇,敬慎不败也。"你感觉受阻,如陷泥淖。你的对手也许幸灾乐祸。你暴露给了对手。小心,在人际关系上尽量考虑周全,保持警惕。对摇摆不定的盟友保持警觉,这样才能避免伤害。

六四:你也许感到被孤立,处于易受伤害的位置。尽管逃避是必要的,但最好的逃避是保持沉着和耐心。目前没有重大成功的机会,保存实力最为重要。新的机会来自于你现在打算做出的取舍。如有必要,那就远离人们的视线以避免直接的对抗。有时,唯一的高贵举措就是接受命运的安排,避免抱怨那些不可抗拒之事而带来的羞辱。

九五:"需于酒食,贞吉。"如果风暴来临,我们有理由小酌一杯。在困难之中,总会有临时的休憩。用这个间断来加固你的地位,不要继续留在旋涡之中。放松片刻吧,娱乐一下。当然,还是要留意一下你的充电电池,不要继续使用里面的存量。

如果你处在领导岗位,让你的团队修整一下,享受生活,这会增加他们工作的乐趣。整日工作而不休息,会挫败工作的目的,减少他人对目标的忠诚和承诺。在个人生活上,记住,没有一件事会一蹴而就。如果现在不抽时间娱乐和放松,难道明天会更好吗?

上六:"不速之客来,敬之终吉。虽不当位,未大失也。"你可能会掉下深渊。这是困难的时期。当你所有的计划都破灭之时,最好优雅地承认失败。保持谨慎和敏锐,救援不知道会从哪个角落到来。打开心灵,你会找到走出困境的道路,你会从失败中得到教训。如果补救措施没有很快出现,记住,从每一个考验中幸存下来,你会变得更加强大。好运在等待你。

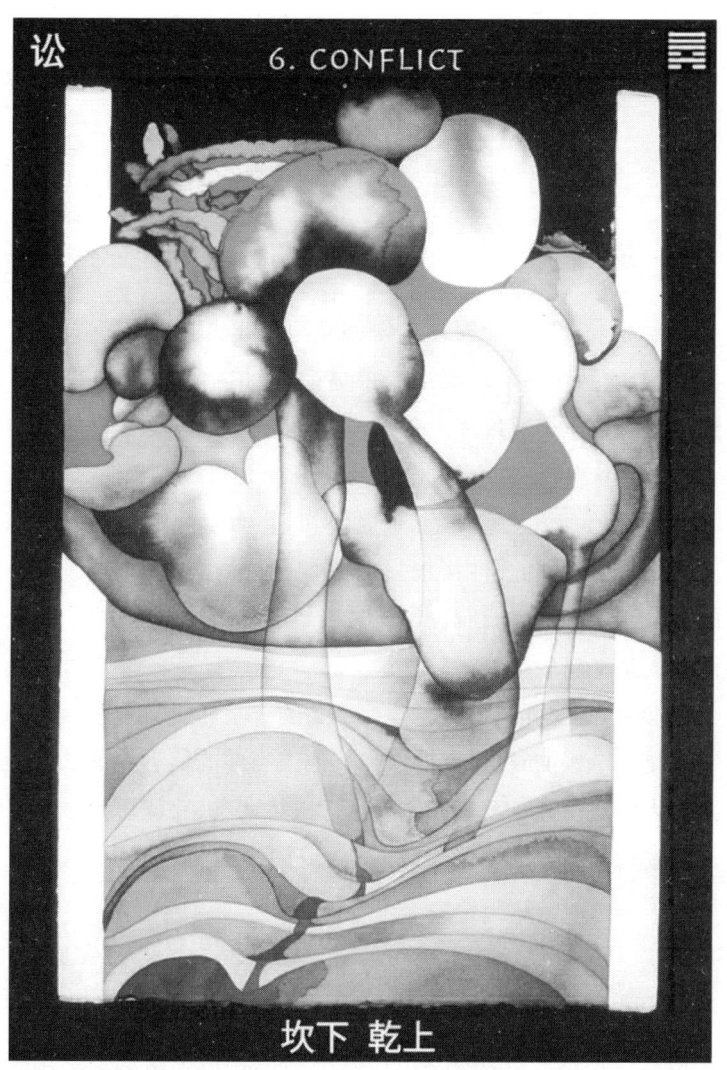

6. CONFLICT

坎下 乾上

*艺术家的说明:

讼卦,坎下乾上。"在这幅画作中,下面的水变成了雷雨正冲向天空。云朵与云朵之间杂乱无章,样子像拳击手的手套,下面的雨变成了血,预示冲突后的伤害。"

六、讼（Conflict） ䷅ 坎下乾上
天水讼

卦　辞

冲突常常起于个人深信有资格从事某事却遭到了反对。事已至此，明智的做法是不让事情变得更糟，拍拍脑门就做出决定往往招致恶果。相比于通过武力获胜，创造性的决策需要综合他人的意见，这才会更有价值，效果也会更持续。

冲突中的一方没有诚意，通常不可避免地导致对方寻找借口、扭曲真相。果真如此，性格较强的一方保持清醒的头脑，保护其身心的合一，寻找自己的利益点，同时也寻求妥协的可能，找一个公平的调停人来平息争端。

在冲突和混乱的时刻，应该杜绝新的冒险和新的举措。

这是一个好的时机，审视你和其他人当前的信念。寻求公平而成熟之人的建议和仲裁。在做出重大决策之前，要深思熟虑。这时也许需要做出妥协。明确自己、伙伴或同事的角色和责任，减少将来的冲突。

爻　辞

初六："不永所事，虽小有言，其辩明也。"似乎出现了争论和危险的痕迹，如果你小心谨慎，暴风雨总会过去。不要强求、避免斗争，也许手上有简单的解决之道，一个小的误会是眼前冲突的祸根，这是完全可能的。如果你遇到一个比你强得多的对手，尽快停止争辩。如果双方旗鼓相当，那就最好结盟。

九二：面对一个更强力量的挑战，撤退是一个好的策略，这不是怯懦。不能克敌制胜之时，错误的勇敢，比如由个人自尊所激发的匹夫之勇，只能起到火上浇油的作用。这是一个错误，对你身边的人、你的盟友、你的朋友、你的团队也是一种危险。如果对手提着上了子弹的步枪对着你，你很快就会成为牺牲品。

六三：争强好胜的人希求更多，更多成功的赞颂、更多物质的占有、更多超出自己所需的应得之物，这种人易于引起冲突。你不要这样。学会在你力所能及的范围之内生活，特别要珍惜那些永远也拿不走的东西。只为更好的效果、更合理的待遇而工作，你就可以避免很多冲突。把声望和光环让给他人吧！

九四：赢，不是生活的全部。在你遇到一个弱对手的时候，赢得对方并不是战略上的首选，尤其是当你并不完全能确定你的目标的时候。记住，在任何冲突中，无论机会多么青睐你，无论你是输是赢，都会付出代价。当你占上风时，学会表达善意，放长远看，你会发现你的位置得到了巩固。

九五：遇到争议之时，如果你认为你是正确的，还是寻找一个能对对方产生影响的调停人吧。这个人必须是强大而无可指责的人，他德高望重，有个人影响力。你则有必要后退一步，让调停人来处理。如果你相信自己的判断，认为自己正当，那你完全能够让他人信服。记住，并不是任何事件都是战场，很多冲突会自行解决。

上九：冲突极有可能走得太远。如果依靠单纯的权威或身居要职就能打败对方，胜利也不会持续。那些只能通过持剑才能赢得他人的人必须随时带着盾牌。谨防无用的胜利。

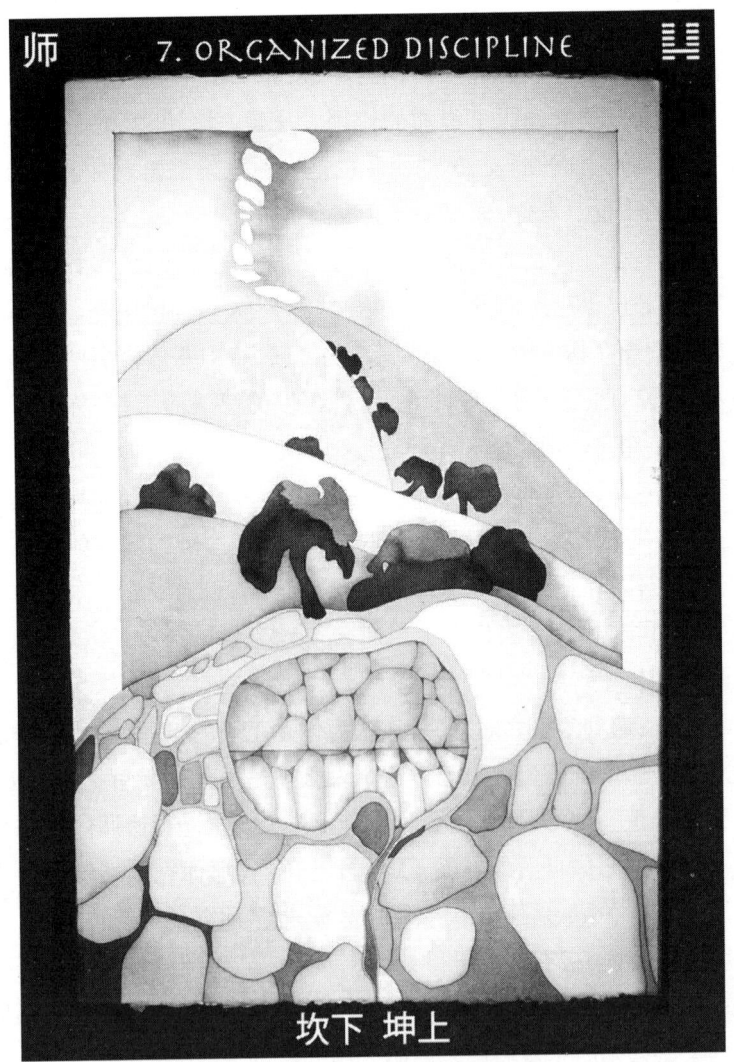

*艺术家的说明:

师卦,坎下坤上。"对此卦,我用了卡其布的迷彩色来象征军队的纪律。下面的水保持得很好,很平稳,也象征纪律和控制。树向山坡上延伸,如同士兵一样。"

七、师（Organized Discipline） 坎下坤上
地水师

卦　辞

"地中有水，师。君子以容民畜众。"地下之水象征纪律——这是潜藏的备用资源，很重要，需要努力才能获得，是在急需的时候可以抽调的巨大的潜力。一旦获得并运用，辅以组织严密的纪律，可以成就伟大的事业。

"能以众正，可以王矣。"最成功的将军不是在战场上大获全胜，而是通过纪律的力量和内在的能量大获全胜，却没有任何血腥，兵不血刃。同样，在一个大的机构里，关键的品德是纪律和责任心。最高效的团队只奔向一个目的——奉献于一个所有人都向往的崇高的目标。即使有极端的外在的纪律，不受欢迎的战争也很少能赢。

让力量受到控制，心甘情愿地接受共同的纪律，为公共的福祉而服从于更高的权威。当生活达到平衡，邪恶的冲动会受到人类尊严的审查。父母先于孩子离去，领导者前行，追随者跟从。如果你拥有或渴求一个领导职位，记住，真正的领导赢得人们的内心，一个清晰的前景把他们结合在了一起。

在政府层面，军队与军队之间、国与国之间的良善的关系是很关键的。仅当国家经济繁荣，军队才会强大。仅当军队严守纪律，国家才能受到保护，免于外来的侵略。要保持这样的平衡，政府必须是稳定的，对百姓是仁慈的。要平衡如此强烈的互补性力量，领导的谦逊和慷慨是保持这种关系不受伤害的一股神奇的力量。团结一致是成功的关键。

爻　辞

初六："师出以律,否臧凶。"一个重大行动的初期,建立良好秩序是很关键的。在你发布命令之前,让你的团队各就各位。不调配好你的资源,不协调好你的军队,任何好事都不可能完成。

九二:如果一个将军与他的部队同甘共苦通常会带来好运。当授予荣誉之时,整个部队都会骄傲地看到他们的上司代表他们去受勋。

六三:如果过高地估计自己的能力,过低地估计自己的弱点,通常会带来厄运。确信自己和身边的人都在恰当的位置发挥恰当的作用,这样才能战胜挑战。

六四:需要一次战略性撤退。这不是最后的失败,而是将自己从冲突中抽身出来并重新聚集力量的机会。撤退是有纪律地避开所有的对抗,进入中立,接受事物本来的样子。

六五:是抵抗侵略性力量的时候了。巩固你的地位,确保所有的关系和角色都在他们应当的位置上。不要让自己对边疆的防卫恶化为一场混战,这会让事情更糟。现在需要英明的领导。在战斗进行中,那些身经百战的应该担当领导。如若不然,那就积极支持其他领导的工作。

上六:在胜利的时刻,对那些帮助你走向成功的人,慷慨是最好的奖赏。避免为了自己能够交换利益而许下复杂的诺言,也不要仅仅因为情感而进行嘉奖。在将来正如在过去,奖励还有很多用得着的地方。

8. HOLDING TOGETHER

比

坤下 坎上

*艺术家的说明:

比卦,坤下坎上。"这幅画的初衷是描绘和平,所以画中的水落到地上时,水拥抱着大地,水与地紧紧相拥,促进了土壤的肥力,鲜花在底下盛开。"

八、比（Holding Together）䷇ 坤下坎上
水地比

卦　辞

"地上有水，比。先王以建万国，亲诸侯。"团结一致会带来成功。高水平的团队合作需要恰当的团队有恰当的队员在恰当的时候共享一个清晰的目标。一个团队会用微妙的方式形成自己的关系，在一个与人共在的环境里会起某种神奇的化学反应。后来者无法像早期的成员那样深深地融入团队之中，全身心地献身团队是团队成功所必须的。

所有成功的团队都有一个共同期盼的前景和优秀的领导。在面临挑战时有人能够站出来，团队才会持续繁荣。在政治和商业中正如在垒球赛中一样，没有一个中心就难以赢得比赛。

如果你希望从中受益，那就接受团队的结构。否则，你就自娱自乐吧。与他人团结一致，既要坚持自己的原则，又要为了团队的利益而控制个人的欲望。如果你想成为一个领导，记住，成为影响力的中心需要把人们团结在一起，这是一项严肃的挑战和责任。仔细掂量自己，看看适合哪种角色。如若不然，在没有充分准备的情况下去担当领导，不如不急于形成团队。

爻　辞

初六：诚实是所有成功关系的基础。在饥渴之时，重要的不是盛水罐的形状而是其内容。

六二："比之自内，不自失也。"当情势需要你站出来采取行动、

为团队的利益发挥作用之时，对在位的领导表示尊重，最好的方式就是为团队谋利的初衷。这种方式拥有尊严、带来好运。相反，你可以明确地支持那些处于更有利的位置上的人，从而把自己也摆到了更有竞争力的位置上。但是，你会失去自我，失去尊严。

六三："比之匪人。"人们发现自己生活在不同的朋友圈和专业人士中，与每个人保持恰当的平衡至关重要。对你的密友敞开心扉，对少数朋友维持交往，对所有他人保持警惕。与不坚定、不诚实的人发展牢固的关系，只能让你日益萎缩。

六四：这是需要忠诚的时候。向在领导位置上的人表达你的忠诚。如果你能支持却又不失尊严的话，去支持他们吧，他们值得你伸出援助之手。

九五：一种有益的结合即将发生。只要你小心翼翼，不强行干预，好运就会到来。人们熙来攘往，当有缘之人出现时，你得认出他。你接近中心人物的时候到了。

上六：当事情进展不顺利的时候，总是困难重重。即使有一个好的开端，问题仍然不可避免。但是，没有一个好的开端，问题很快就会变得难以应对。一旦斩断了头，没有任何的"正确"能让青蛙重新跳跃。

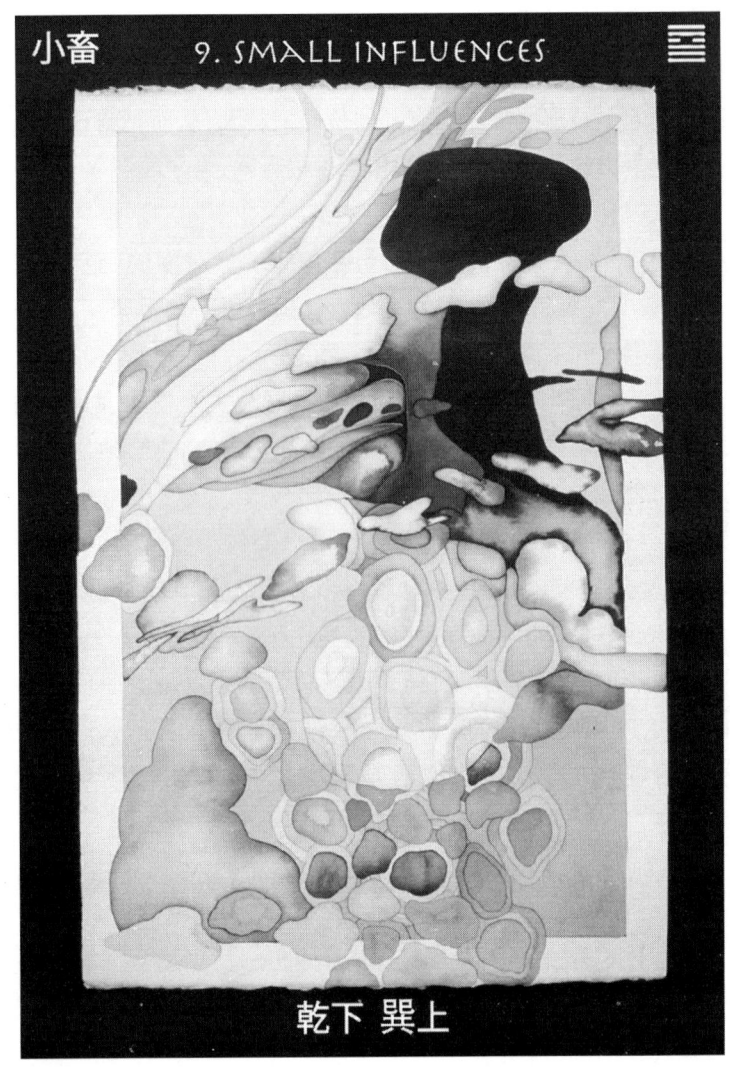

*艺术家的说明:

小畜,乾下巽上。"上面的风正准备掀起下面的天。风力还很小,但已经影响了所有云朵的聚合。闪烁的彩虹般的反光显示了一些水分。"

九、小畜（Small Influences） 乾下巽上 风天小畜

卦 辞

"柔得位而上下应之，曰小畜。"

"密云不雨。自我西郊。"微风卷拢乌云，但尚未下雨。集腋成裘，慈柔之力也会有占上风的时候，此时适于缓和而友好的说服。

"风行天上，君子以懿文德。"事情如同大海的潮涨潮落，有时会有低谷。此时，大刀阔斧不可能，也不恰当；积少成多，带来成功。涨潮之时，千方百计乘浪前进；退潮之时，则聚精会神专注小事。

如果你不能做很多影响大事件的事情，那就为将来的大潮做些说服和产生微妙影响的小事吧。用你的直觉去规划你长远的发展，但此时要避免徒劳无益的莽撞行为。最好利用这段时间提高生存的能力或学习一门新的技能。

此处的关键词是彬彬有礼。考虑到此时你头脑中的想法，温柔配以果断，柔中带刚，有可能会比强行妄为带来更大的进步。

爻 辞

初九：当强者在途中遇到障碍，他们的第一反应就是奋力向前，用强力搬开它或者战胜它。眼下，不要采取直接的行动或者直接冲突。相反，退一步，花点时间来评估你的处境，想想你所有的选项。给你自己前进或后退的空间，游刃有余，或者暂时什么也不做，静观其变。

九二：当你如履薄冰之时，有必要让他人走在前面。学习他人

并非丢人现眼之事,特别是这样做能让你远离危害之时。好运眷顾那些能决断、有耐心的人。

九三:出现小问题时,把事情简化,当机立断。如果轮胎已经漏气却要继续驾驶,只能破坏整个旅程。及时解决小问题,不要过度反应或强制处理,才能防微杜渐。退一步天地宽,让出一些空间,专心补胎吧,这比抱怨命运或浪费精力去怨天尤人对你继续行路才更有效。

把事情想得太过简单容易失望。在错误的时间使用强力只能使事情更糟。

六四:在一个变幻莫测的世界,个人的诚实能够形成内在一致的核心。从真实的迹象而不是以自我为中心来寻求真相,我们才能成为对他人有价值的指导教师。以事实为依据,一点一滴地增加对事情的了解,最后才能众人拾柴火焰高。在冲突的时候,清晰、客观的洞察非常重要,有助于避免暴力,消除恐惧。

九五:最好的伙伴关系是互相的补充。忠诚和信任像燃料,能让合作关系闪耀光芒。对于弱的一方,忠诚意味着献身和服务;对于强的一方,信任最为关键。一种平衡的合作关系才能大吉大利。因为分享,合作带来的充裕更让人愉悦和羡慕。

上九:"既雨既处,尚德载。"微风卷拢乌云,终于下雨了。柔和的力量得到了加强,赢来了胜利的时刻。如同月亏之后迎来了满月,慈柔之力的胜利是短暂易逝的。成熟的人学习在满月的时候欣赏满月本身。皎洁的月光是斟满的酒杯,为此时举杯,应该知道在未来耐心将是我们更好的奖赏。

10. TREADING CAREFULLY

兑下 乾上

*艺术家的说明：

履,兑下乾上。"由于此卦关涉行为,我希望描绘路途艰险的图景。这里布满障碍,比如树根、光怪陆离的反光之类。小心谨慎、如履薄冰。尽管天空看上去十分诱人,但也给人以错觉。"

十、履（Treading Carefully） 兑下乾上
天泽履

卦辞

称职的人即使在困境中也能找到方向，取得进展。当遭遇强劲的对手时，每一步都要三思而行。当较弱一方不去招惹较强一方，同时还能保持幽默风趣，不采取贸然的行动时，强弱其实能够和平相处。走在卧虎旁边或光滑的石头上，要轻手轻脚，不要被绊倒。

"履，柔履刚也。"此时，相对谦逊的力量或人物对强者产生了影响，所以你要特别谨慎。与傲慢无礼的人共处，鲁莽前行将会带来灾难。现在不是主动出击的最佳时机。尽量优雅，来点幽默。在一个强势国王的宫廷里，爱开玩笑的人经常比王子更有影响力。

爻辞

初九："素履往，无咎。"出生卑微之人，表现其内在力量的关键是谦逊。当个人的动机单纯、意图诚恳（把荣誉归功于主管人员），本着良知从事工作一般会受到奖励。简单的行动会减少来自义务的压力，具有进攻性的抗争则会让你雪上加霜。

九二：失败的寂静里蕴含着智慧的安宁。从喧闹的事件中退出，打消不必要的欲望，才能让目标更为清晰。当你明白幸福不是来自得到你想要的东西，而是安享你现在所拥有的东西时，生活之路才会更为平坦。"履道坦坦，幽人贞吉"，为你现在所拥有的一切感恩吧。

六三："眇能视，跛能履，履虎尾，咥人，凶。"当鼠目寸光之人行

走在虎群中的时候,他们遇到了灾难。此时,不要试图做超过你能力范围的事情。如果你认为你的能力大于你实际的能力,你是在自找麻烦。如果你认为进攻性的努力能够克服所有的障碍,不幸就会接踵而至。不顾一切地卷进去将让你面临失败的高风险。即使你认为你很正确,也不要高估你的力量,此时应该检视一下你的野心。

　　九四:"履虎尾,不咥人。亨。"当你确信能够取得最终的成功,那你现在踩在虎尾上有什么关系呢？最为重要的是在条件成熟时当机立断,但事先需要特别地小心和周全的考虑,这样,在你行动之前,结果已经可以预见。

　　九五:"履虎尾,愬愬,终吉。"走在虎群中是很危险的。在危险之中的果断行为、对情景的清晰识别,是成功决策的唯一方法。

　　上九:"元吉在上,大有庆也。"你的工作即将完成,现在可以展望未来了。评估你过去所付出的努力应该得到什么样的结果,想想你的收获。农夫在秋天收割了庄稼,他就能够期待平稳地过冬。

乾下 坤上

*艺术家的说明：

泰，乾下坤上。"我尽量表现田园牧歌的意境，用了宁静的暖色调。春花代表上面的坤，底部的浮云代表下面的乾。"

十一、泰（和谐）Harmony ䷊ 乾下坤上
地天泰

卦　辞

乾下坤上，天在地下。"天地交而万物通，上下交而其志同。"物质向下的引力与光线向上的照射相互交融，形成深度的和谐，带来融洽的时光，护佑万物的生长。在人世间，当好的、强的、有力的对卑微表达青睐、施以恩惠，幸运之人更为谦逊，世界才会宁静，争执才会结束。当此之时，精力充沛、道路清晰、前景光明。

大自然深藏混沌，但是，当人们小心翼翼地应和自然的节奏和周期，就会发现自然的和谐。在恰当的地方和恰当的时间播撒恰当的种子，农夫让庄稼和谐生长，让家庭丰收兴旺。同样，任何一种生意也必须适应自然的周期，处事灵活、随时调整才能保持秩序和发展，唯有和平能够保证开花结果、繁荣昌盛。犹如农夫浇灌他的田地，智者应在各方面恰当地、均衡地引导这种能量。但是，请保持警惕，因为，和平的环境既适宜鲜花，也适宜杂草。

爻　辞

初九：在和平、繁荣的日子，目标高远的个体能够吸引志同道合的人去完成一件伟大的事业。一旦相遇，要争取他们的支持。现在正是有志之人着手完成事功（功业）的时候。

九二：和平时期的主要危险就是事情还在进行之中却松懈下来。真正的领导应利用这段时期去处理所有必要的工作，喜、忧、安、危，无一遗漏。主事之人，如同伟大的艺术家，发现一切皆有用

途,让每个人都有能扮演适当的角色。

警惕派系或内讧,它们常常是衰退的前兆。

九三:宇宙中只有变是不变的。"无平不陂,无往不复。"有上必有下,犹如最熟最甜的水果挂在一根枝藤上,成熟时自己就会掉下,瓜熟蒂落。衰老和死亡一直伴随着我们,它们虽会被暂时牵制,但不会根本消除。将此铭记在心,像内心常有永恒的火焰。只有认清现实,你才能摆脱会一直行好运的幻象,为你的命运进行恰当的准备。记住,好运绝不会完全放弃那些内在富有超越了其命运的人。

六四:当我们满怀信心,大、小就会愉快地融合。它鼓励强以助弱、富以辅贫。此时,你会发现位卑的也拥有某种真理,揭穿过度优越带来的假象,双赢是这里的关键。能产生自发的联系,因为有永不欺骗我们的内心。

六五:"帝乙归妹",公主下嫁,但却像其他妻子尊重自己的丈夫一样尊重他。在高低的结合中,位高一方的谦逊能带来成功。

上六:当繁荣走向衰败,不幸就会接踵而至。"城复于隍",想象一座城池崩溃在其护城河里。倾颓之时,任何人都不会得到帮助来抗拒势不可挡的胜算。这时需要的是道德之力而不是暴力。

和平时期,必要的防守会被侵蚀,城池易受攻击。不要像那些懒惰和冷漠的人,置他们的家庭于危险之中。为外部的问题做好准备,别让自己变得自负。

*艺术家的说明：

否卦：坤下乾上。"此卦意味着静止。天和地在中间的圆圈里，象征着当我们受阻而看不到出路时的盲点。在圆圈的外围，天和地交换了位置，象征着扩大视野，我们就会看到更多的机遇。"

十二、否（Standstill） 乾上坤下
天地否

卦　辞

身陷逆境、闭塞停滞的日子充满着困惑和无序。"小人道长，君子道消。"当清轻而富有创造性的力量衰退的时候，重浊之力就会悄然而来。当此之时，明智之人应含蓄内敛、墨守其志、淡出公务、减少交往、伺机而动。

在受挫、窘迫的时期，周围的不利因素更为活跃。"不利君子"，众多的人都在寻求庇护，你则应该韬光养晦、隐忍其事、安静恬然。专注个人事务，减少交往，即使错失一些"大往小来"的短期利益也不要在意。

渴望急于改变这种现状只会造成更多的冲突。接受困难的磨砺，载营魄抱一，你就为未来的成长做好了准备。谨记这点，"先否后喜"，繁荣的种子往往隐藏在不幸的外壳之中。

爻　辞

初六：不利因素正在聚集，最好是深藏若虚。志同道合之人会随你而进入暂时的守候，回避冲突。正好利用此时为未来的行动而运筹帷幄。

六二：由于小人的负面影响，致使事情停滞不前。智者应"以俭德辟难，不可荣以禄"，忍受这段停滞的时期，接受苦难，抱朴守一，抵挡不符合你本人长期利益和价值观念的诱惑。

六三：侵权的小人终究会意识到他们无力胜任加给自己的事

情。出现这种情形时,他们会深感羞愧,尽管他们并不承认。他们会意识到自己做出了严重的误判。在此之后,事情可能会变得对你有利。密切观察你的对手,因为他们的内心感受可能是未来变化的关键。

九四:"有命无咎",停滞开始出现松动,水坝即将决堤。当此之时,最为关键的是在你自己的能力范围之内采取行动。在僵局即将被打破之际,如果你不够谨慎,太多过度的表现会导致过犹不及甚至铸下大错。应用你的直觉,相信你的本能,问问自己:行动的时机和条件是否成熟?如果你听到内心真实的召唤,此时的能量就会有助于你的行动。

九五:转机已经出现,情况瞬息万变。但是,在采取行动之前,问问自己:"我会失败吗?哪里可能出现差错?"对自己的能力太过自信的人会陷入危险。保持警惕和怀疑,确保你的财产受到了良好的保护。谨慎而笃定地行动,就像那位走钢丝穿越峡谷的人。没有回头路可走,下面也没有安全网。

上九:"倾否,先否后喜。"停滞期即将结束,采取直接行动的时机已经成熟。乱局并不会自动变成安泰,需要一个强人带来新的秩序。在这种情境下,伟大的成就是可以预期的。对于那些被困已久的人,如果面对新的机遇而有创新的思维,情况尤其如此。

*艺术家的说明:

同人,乾上离下。"因为乾在上,我描绘了澳大利亚土著的彩虹蛇——象征天被创造性地刻在洞穴之顶。下面是炉火,火边有规则的摆放着的骨头,象征着人类的团结。"

十三、同人（Fellowship）☰☲ 乾上离下
（天火同人）

卦　辞

只有当一个集体或部族团结一致、齐心协力之时，才有可能赢得成功。在团体的凝聚中，个人的爱好需要考虑到人际关系的大局。视野越开阔，成就越巨大。潜在的成就越巨大，后面的支撑就需越有力。同人的合作精神稳固着兼顾了所有人利益的航船，它将带着崇高的理想驶向美丽的岛屿。

学会尊重差异。共同体的强大不仅在于其数量，也在于其成员个个身怀的不同绝技，以及大家都能共享的资源。正如坚固的城墙因不同的材料混合而被加固，最强的团队也常常受益于其对差异的接纳。差异加强了整个团体的力量。

背后有一个团结的团队，即使最艰巨的任务也能顺利完成。

爻　辞

初九："同人于门，无咎。"当宾客相聚门庭，大家满怀激情，即便分散的议程尚未表述。这是同人的开始。谨慎地利用这段时间，这是不容错过的良机。在开创事业或一起合作之初，就应在团队中形成对共同体的善意，避免离心离德、秘密协议。对共同体的善意是在阳光下孕育出来的果实。

六二："同人于宗，吝。"在排外的团队中形成的同人关系易于遭致遗憾和耻辱。即使贤达之间的社会交往，有时也会产生势利和不友好的争吵。每个人都应约束自己，避免气量狭小和浅薄的歧视，

向其他人敞开胸怀,这不会让你蒙受重大的损失。试图赢得短暂的优势而产生的怨气会在一段时间后带来麻烦。

九三:不信任自己的盟友,暗中监视他们,谋划出其不意的攻击,这些人通常会搬起石头砸自己的脚。避免不必要的密谋和算计,这是集团分裂的信号。一旦出现这个苗头,应该立即灭掉。如果你想玩此游戏,事情通常会变得更糟。

九四:同伴中的争吵和误解有自我平息的渠道,平息之后才能带来好运。让这些不和自然地解决吧,公开的互相打击不是好的主意。在犯下小错之初,个人就应该及时看到这个失误,防微杜渐。有时,允许团队内公开的争论也是良好的解决之道。为了最终的胜利,我们应该宽容每个人的小小过失。

九五:最强的结盟是两个人内心的认同。两人相识,并分享各自的思想和心愿。他们即便因某些事情或命运而分开,即便因为意见不合而分开,即便因为对方的某些行为而生气,如果当初的结合是真诚的,这一切也不足以将初心打破。这种结合经得起困难的考验。渡过难关,盟友最终会品尝到甜蜜和快乐。

上九:一见钟情就快捷地走到一起的同人缺少某种久经考验的感情。好像一群住在湖边的人,尽管他们足够热忱,但没有更大的目标把他们凝聚起来。对于这样松散的群体,礼貌是最低的要求。这虽不是最为理想的,但也不至于引起懊悔无及,因而无可厚非。

*艺术家的说明：

大有，乾下离上。"上面画的是火，象征性的火焰在宇宙的金字塔般的形状之中。乾下(乾通常象征创造)被描述成受精卵。卵表示个体，人类的灵魂。"

十四、大有（Affluence） 乾下离上
火天大有

卦　辞

　　获得巨大成功。时来运转之人，如同金子在彩虹中熠熠发光。真正的成功，其核心是慷慨和谦逊。这样的柔性才能将力量吸引到自己身边，尤其是当繁荣初现、转机初露之时。荣耀和尊严辅之以柔顺和谦和，定会带来巨大的成功和无比的繁荣！

　　谨慎一点吧，随着财富和影响力的增加，人也会变得日益骄傲和自满。如果想继续行大运，就得克制这种萌芽，更加专注于你的事业。记住，一旦获得成功，志得意满的生活需要一种品质以配享幸福，持续的繁荣并促进公共的善是值得称道的最高价值，去促进公共的福祉吧。

爻　辞

　　初九：在初始阶段，成功还显得单纯、无辜。此时尚未面临伴随成功而来的其他挑战。别自我放纵，如此方能避免未来的灾祸。学习自我克制的技巧，周全地考虑问题。只对值得信赖的顾问诉说你个人或生意上的事情。对于其他人，则需保持放松和超然。把你的自我留在门外，这里没有自负的空间，如此行为才能加深他人对你作为一个满怀信心、拥有财富之人的良好印象。

　　九二：成功之后的第一课是不要固执和保守。随着其作用的发挥，财富的数量变得不再重要。任何形式的财富，只有将它们用之于开创对所有人都有益处的事业，而不是仅仅有利于少数精英或你

个人时，才能获得最大的价值。散财的其中一种方式是慷慨，尤其是对曾经帮助过你的人。值得信赖的朋友的支持是所有资产中最大的资产。

九三：对于拥有稳定财富的人，慈善是一种义务。捐赠部分财富支持公益事业，富人会因此而避免被其财富所累；另一方面，那些贫穷的人也不必因为提出需求和接受帮助而羞愧。一切财富都在流转之中，某些财富在某个时段被某些人所管理。心胸狭窄的人忽略和缺少这样一种态度，他们会受到他们所拥有之物的束缚，成为守财奴。他们本有富足的潜质，却浪费了，所以，难以获得快乐和自由。

九四：如果你的生活中出现了骄傲和嫉妒，抛弃它们吧。不要试图与他人投射的自我形象进行竞赛，与他人的自我较劲会让你陷入迷茫。这太浪费时间和精力了。

考虑这样一种困境，一个普通人发现他自己与有权有钱之人为伍。当有机会与他们一起就餐时，没有他们那么富有的人有时反而会去买单。义无反顾、无怨无悔的这么做，他保持了精神上的自由，能够与他人平起平坐。

六五：以尊严的方式、通过诚实胜过他人的人会发现他们自己处于有利的位置。这对拥有巨大财富和德高望重之人，以及不及这些人的其他人同样适用。情感上的诚实与人格上的尊严的结合能带来最佳的效果。那些保有此种品格的人，即便偶有不恰当的行为，也依然能行好运。

上九："自天祐之，吉，无不利。"你得到了上苍的眷顾。此时在各个方面都会有所改善。巨大的成功属于那些造时势之人，而不是因循守旧之人。这些人拥有财富，处于权力的巅峰，却保持着谦逊，向上苍投去会心的感恩。"天之所助者，顺也；人之所助者，信也。"对那些已经拥有的，还会给他更多。

*艺术家的说明:

　　谦,艮下坤上。"这里想表现的是美内隐其中,象征隐蔽之美。处于大地之下的山中盛开着一支玫瑰。谦逊让人低调,即便如此灿烂和美丽的鲜花。"

十五、谦（Humility）☷ 艮下坤上
地山谦

卦辞

谦逊之人命运亨通，恰如山谷会被高山的侵蚀逐渐填满。满招损谦受益，天道恶盈而好谦。无论身处何位，谦逊都有吸引人的特殊魅力。位高而谦逊，人们会受到吸引而助力于你的事业；位卑而谦逊，会受到位高之人的赏识。真诚的谦卑是一种让所有人都从中受益的品德，值得人们去追求。

最为成功的是这样一些人，他们知道如何损有余而补不足以维持平衡。他们努力维持平衡和稳定的关系，而不是用强力控制对方。谦逊这种品德会让你在任何情况下都能洞察到潜在的平衡。谦逊之人不追逐自我中心的幻象。如果让人谦逊不是很容易，那就应该有意识地培养一种自嘲的幽默。

爻辞

初六：自大之人在遇到重大的事情时会给自己带来不必要的麻烦。这样的人太在意他人如何看待和评价自己，仅此一点就能让成功之路不再平坦。相反，因谦逊而不装腔作势，会增强我们专注的能力。自负的人成天斤斤计较自己的外表和他人的看法时，谦逊之人却全神贯注于眼下必须要处理的事务。不要有非分的诉求和不切实际的想法，你才不会遇到阻力。

六二：做一个谦谦君子是一种重要的禀赋。真诚之人的初衷不会受到质疑，他也会因此得到好运。

九三：没有什么比一个人沉迷于自我的名声、美貌和才华更可悲的事情了。这些人的成功将是短暂的。要让好运持续，某种程度的谦逊是得到他人持续支持的前提。"劳谦君子，有终，吉。"无论取得了多大的成功，依然保持着谦逊的本色，好运才会一直相伴。

六四：警惕虚假谦虚。即便谦虚这样美好的品德，也会过犹不及。在目前的情况下，由于你选择了担当，这倒不是一个致命的错误。卑微之人，有时会把虚假谦虚作为其软弱、犹豫不决的借口。真正的谦虚并不意味着只追求一个很低的目标，或者对待业绩标准的松懈，因自己的成就和贡献而妄自尊大与膨胀的自负迥然有别。

六五：在紧要的关头，智者需要毫不犹豫地做出果断的决定。一个有担当精神的人采取大胆的行动之时，应该审慎地辨析：这是否出于过分的自负？真正需要走出这一步吗？在艰难的时刻，确信目标是客观而清晰的，那就需要你的果敢。一旦强力的行动占据上风，光荣的战士却退回了到众人之中，成为普通的一员。

上六：如果出错，各种言论就像北风一样突然吹来，批评也会纷至沓来。那些缺乏谦德的人立即举起了盾牌，遮挡着眼前的事实；弱者大惊小怪，在迷惑和自怜中退缩；诚实而谦逊的人却把这当作需要正面回应的挫折，他们首先在内心进行自我检查，事情发展到这一步，自己究竟起了怎样的作用，他们有勇气采取强有力的恰当行动，纠正错误、消除误会。

谦逊是高尚的真正标志，预示好运。

*艺术家的说明：

豫卦，下坤上震。"此画中的景观描述的是热情。我选择了女性的生殖力作为代表。我把大地本身也描绘成一个女性的身体，上面的惊雷象征着兴奋的增强。"

十六、豫（Enthusiasm） ☷ 坤下震上
雷地豫

卦　辞

"雷出地奋。"激情能释放巨大的创造力，其效果就像强大的音乐能激发大量的人群。人们因此释放了压力，对生活产生了新的期盼。音乐和舞蹈最能表现出激情的力量，它更多的是受到我们的心灵而不是大脑的指引。个性坚强且富有激情的领袖，如果能引导这种能量朝着有利的目标，就能带来好的运气。

存在于人与人之间或群体之内的热情一般都能激发出一种特殊的情绪。正如当人群在音乐节上被调动起来的时候，歌手的音域一般也会达到新的高度一样，此时的生活状态本身就是一种奖励。惊雷之中谁不会产生敬畏呢？新雨之后，谁不愿意深深地呼吸，吐故纳新呢？

激发他人情感上的支持，同时调整你的想法和计划以照顾到他们的需求。通过这种方式，你可以因大众支持的强劲东风而扬帆启程。

激励他人的同时，自己也加倍地奉献，营造一个宽松的环境。从你的工作中获得快乐，用你自己的方式来调节歌曲和舞蹈的力度。

爻　辞

初六：故意炫耀热情会遭致灾祸。让你身边的人自己去点燃他们的火焰吧。如果他们已经耗尽了燃料，打开你的燃烧器也于事无

补。如果对方不能持续下去,你可能需要考虑放慢脚步。如果你的同伴们有燃料却没有火种,你自己对手上工作的专注可能会点燃他们,这样才会形成一种团队的意识。

六二:当火焰在一个团队中燃烧,智者会观察细小的信号,尽量看到一个不被幻象模糊的世界。当灾难的端倪刚刚显露,他就会马上将之扑灭,不会等到第二天。这样,你可以提升你的地位,同时照顾到团队的利益。在兴奋的时候保持清醒的头脑至关重要。

六三:俗话说"机不可失,时不再来"。在这种情况下,犹豫会让人后悔莫及,抓住机遇、抓住接近一个命中贵人的恰当时机需要小心翼翼地选择。当时机到来,则必须当机立断。坚持不懈地追求一个有价值的事业或者笃信一位引领之人也许是恰当的,如果这个行动能进一步促进你的利益。

要么抓住机遇,要么眼看着机遇丧失。与其指望外在的力量,不如自己尽量努力。

九四:"刚应而志行,顺以动。"伟大的事业源于那些通过自己的自信和果断而点燃他人热情的人。一个人目标明确、义无反顾,会自然地吸引他人。这种人通过与他人分享权利和责任而增加自己的能量,其结果是他人愿意与之合作,成为其可靠的盟友和支持者。

六五:如果热情受阻,你会感到压抑和窒息。如果你感受到了某种阻力,陷入困境,缺乏能力表达自己的想法或将想法付诸实施,别担心,正是这样的情景能够阻止你浪费精力,使你保有活力。转逆为顺,尝试把眼下的逆境当做一种优势吧!

上六:即使热情此时被轻微地误导了,这也不是一个大的问题。更为严重的是连梦想也没有了。清醒地意识到一个错误的梦想在自生自灭是重新开始的兆头。对那些永远充满热情的人来说,能够把梦中人唤醒是非常必要的。

*艺术家的说明：

随，兑上震下。"这里，我们看到湖边一条石子铺成的小路，那就是'随'。石头旁边的湖中有一点轻微的干扰，这暗示着雷。这里的小径似乎在通向舒适和安全的山洞。"

十七、随（Following）䷐ 下震上兑
泽雷随

卦　辞

"元亨，利贞，无咎。"择善而从、择良而栖就能带来巨大的成功。即便你不能改变风的方向，但你可以随时调整船舵，这样才能抵达预定的目标，并感召他人追随。

能感召他人追随的人一定会说追随者的话语；受人爱戴之人一定符合了爱者心中想象的爱人的某些品质；成功之人一定是与时偕行之人。对于原则，必须坚持；对于风格和味道，则可随顺大流。如果尔虞我诈，自我也不断膨胀，随之而来的一定是他人的抵制。如果希望避祸，就应该致力于公益的事业。

世间事务本无常形，时移世易，旧观念会被新观念取代。伟大的领袖通常都会顺势而为。同样，商界成功人士也是因为适应了变化的市场。不刚愎自用，能够随机应变，做到能屈能伸，你就能赢得他人的信任。

做些放松身心和保持平衡的活动吧，这样你能更好地适应环境，保持旺盛的精力，减少来自内外的阻力，最终实现自己的目标。

爻　辞

初九："官有渝，贞吉；出门交有功。"具有远见卓识的人在迎接挑战之时，如果有必要，他会在事情的进展中调整方向。这些调整来自于与持异议者的真诚交流。采纳合理的意见通常也会带来好运。但必须小心，不能因当前意见的分歧而举棋不定。把你坚定的

信念传递给他人,虽然你对他人的观点保持开放态度,但你仍需坚持你的立场。

六二:"系小子,失丈夫。"谨慎地选择你的盟友。如果你身边有无能之人,也许应该考虑离开他们了,或者至少与他们保持距离,另一方面,与精明能干的人打交道时需要小心翼翼。月亮和星斗都会发光,但是,太阳一出,星月都将消失。

六三:"系丈夫,失小子。"当你在人生的路上前行,如果与优秀、杰出、值得花时间与之交流的人建立联系,通常会出现一些难得的机遇,从而带来好运。但是,与命中贵人建立的每一个新的关系都是有得有失的。也许你会失去与那些不太重要之人的联系,丢弃那些可有可无和流于表面的交往,接受挑战去发展那些于你更为有益的关系。

九四:"随有获,贞凶;有孚在道,以明何咎。"当个人获得了一个有影响力的地位时,通常会受到很多阿谀者的奉承,他们用伪装的真诚换取个人的好处。警惕这些奉承。它们看似无足轻重,但破坏性却很强。对骄傲而自大的人,逢迎是最有效的手段。成功之时,你需要检束自我,察出下属的醉翁之意。不能看出趋炎附势之人的本性是厄运的先兆。

九五:"孚于嘉,吉。"让你的指南针指向美丽和真诚,相信自己的直觉,驶向泛光的大海。坚持不懈地继续前行,好运就会接连不断。

上六:也许是时候了,去寻求比你更有智慧和经验比你更丰富的人的忠告。接受你所尊重之人的建议,做出恰当的调整。如果他同意支持你的事业,特别的好运就会随之而来。还有一种获助的方式,那就是通过理解和尊重,你得到了追随者,他们成为你坚定的支持者。

18. REPAIRING THE DAMAGE

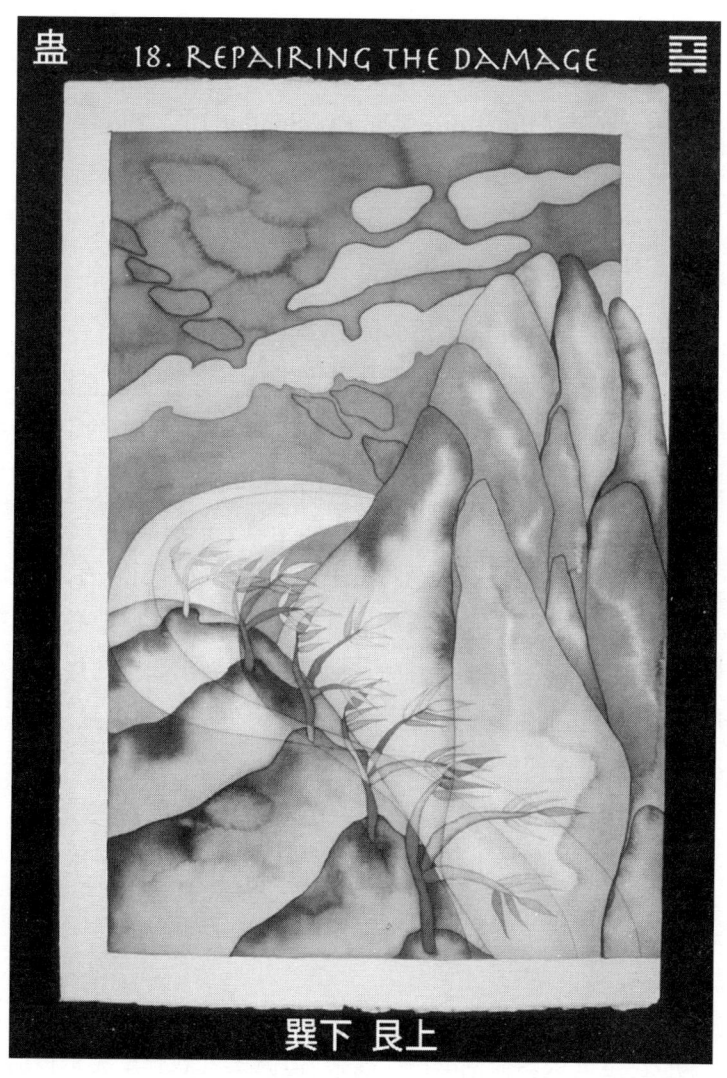

巽下 艮上

*艺术家的说明:

蛊,巽下艮上。"风从下面刮上来,吹走了腐烂的部分。这需要时间,所以我尽量用了衰退的颜色。但是,风如此强劲,最终依然会大功告成。"

十八、蛊（Repairing What is Spoiled） 巽下艮上
山风蛊

卦　辞

"亡羊补牢未为晚也。"在处理人事方面的事情时，自我放纵和腐化堕落就像无人照料的田野长满杂草一样。此时必须直接面对，用大胆的行动把这些杂草连根拔起。消除腐败以及导致腐败的环境，是最高尚的人类事业，它为健康的生活和崭新的开始扫清了道路。能够失之东隅，收之桑榆，依然会带来巨大的成功。

此时需要采取有效行动。在整个花园被杂草占领之前，必须除掉杂草。别以为漠不关心和腐败堕落没什么大不了，腐败必须得到遏制。每一步都要仔细的评估，行动之前需要做出周全的规划。如果产生贸然打击的冲动，你需要抵制。集聚你周边的力量，布局你自己的资源，谋定而后动。

反对腐败需要巨大的努力。你一旦采取了行动，就要密切注意事态的进展，让你的打击精确而清晰，就像外科医生的手术刀那样找到最佳的路径。

爻　辞

初六：过度依赖惯例会产生腐败，但尚未发展到尾大不掉的地步，尽管会有一些危险，但是不用太费劲也能修正过来。对变化之中存在的危险保持警惕，你才能避免可能的伤害。修补本身并不是灵丹妙药，恢复性努力也必须仔细观察，防微杜渐，特别是在早期阶段，如果能发现已经腐烂的部分并尽早处理，才能不让其感染其余。

九二：努力弥补过失、渡过难关需要久经考验的友谊,以及精神的明朗。在朋友和密友之间,适当的玩笑有时也会成为有力的长矛;与此相对,正义的愤慨,更像原油炸弹,可能在你的眼前爆炸。

九三：每个人都会犯错,每个人都想去纠正,只有智者知道什么时候停止,知止可以不殆。

发生的已经发生了,覆水难收。所以,最好在精力足够旺盛之时就开始纠正过去的错误,而不是对此没有一点警觉,以致太晚而无力回天。

六四：腐败的迹象即将显露,但你可能因为现在还太弱小而没有采取有效的行动。腐败可能会继续恶化,除非你开始改变这个情况。聚集你的资源,准备弥补的行动吧,以防患于未然。

六五：如果能够得到帮助,你将有能力解决因为疏忽大意而引起的问题。你难以独自完成,如果得到经验丰富的支持者的帮助,会带来完全的改变,或者让你能够从头再来。对你做出的努力表示支持殊非易事,但人们最终会赞赏你付出的一切。

上九："不事王侯,高尚其事。"并不是所有的重要工作都会在日常生活的世界中遇到,英雄也可以造时势。别让世界就这么离你而去,用这个时间去成就你个人的成长,这会有巨大的价值,不仅仅对你,最终也会有益于他人。记住,从事件中抽身的时候,不要陷入慵懒的无所事事,不要无事生非地指责他人,这一点也非常重要。

19. THE APPROACH OF SPRING

兑下 坤上

*艺术家的说明：

临，兑下坤上。"此画的主题是黎明的到来。上面的大地已经被第一束曙光照亮，下面的沼泽还处于黎明前的黑暗之中。我想描述面临新的开端之前那种期待的情感。"

十九、临（The Approach of Spring）䷒ 兑下坤上
地泽临

卦　辞

春天到了，处处弥漫着生机，大好时光的来临势不可挡。这是最吉利的日子。如同蛇从冬眠中苏醒，负面的力量刚开始发动，但还能有效地掌控。这是可以期待取得进展的时机，必须将之利用到极致。当好运指日可待，小心谨慎的工作会得到巨大的红利。前方的道路是明晰的。休眠的种子准备在春天里发芽。

时机已经成熟，马上采取行动。春天不会永远延续，进一步的推进会受到挑战。明智的做法是保持敏锐，详查时机变化的端倪，居安思危，这种努力是高尚而富有成效的。把这个季节发挥到淋漓尽致吧。

变　爻

初九：当积极的力量逐渐占据上风，有影响力的人已经闻到了这个气息，精明能干的人们受到了吸引，参与到行动之中。如果你觉察到这样的事情，建议你参加进去，但也要当心不让你自己被事件的潮流冲昏头脑，迷失自我。谨慎的行动能带来好运。

九二：如果机遇降临给你，那就可以展望成功。这是做出清晰决策、采取重大而勇敢的行动的绝佳时机。当一个人拥有力量和自信，光明的未来必然到来，因为所有的事情都会朝着积极的方向发展。

六三：事情进展顺利，危险仅在于你会放松警惕、粗心大意。享

受你成功的果实,但是仍需记住你是如何取得这些成果的。一旦暂时领先,人都会变得无所顾忌,这是一种自然的倾向。但真正的玩家会不断挑战自己,笑到最后。

六四:心胸开阔地处事能够带来成功。重视具体措施的实施而不是表面现象的团队比沾沾自喜、圈子狭小的团队,其进展要迅速得多。避免对背景不同之人的偏见。当懒惰蔓延进你的生活,应该采取重大的措施来改变这种状况。

六五:"知临,大君之宜,吉。"伟大的领袖展示真正的力量的方式,是吸引有杰出才华的人物。给予核心成员自由以鼓励他们做出自己的判断。把权力赋予能够有效行使此权力的人,放权者的力量反而会得到增强。

上六:当圣人结束隐居回到日常现实世界之后,那些得到他/她教诲和帮助的人会有好运。寻求德高望重之人的客观的建议,特别是那些在你处理日常事务时还没有受到过此关注的人,他们的见解也许会给你提供一个全新的视角。

春天其实也是着手建立新的人际关系的季节。在此大好时光中,轻轻松松就能形成新的纽带。在春天结成的关系能够在秋天和冬天带给我们温暖。

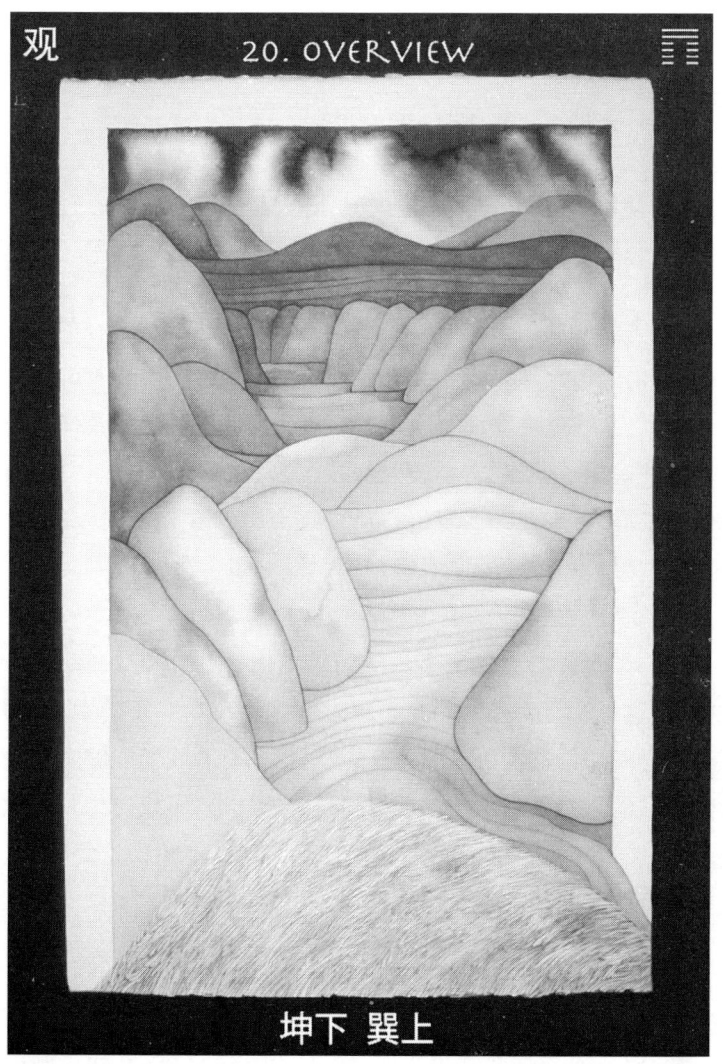

*艺术家的说明：

观，坤下巽上。"在这个卦中，风无处不在，远近都能观察到。描述近景、远景以及远近之间，我让大地开开合合，远处有更多转瞬即逝的东西。当我们冥想当下，我们看到很多细节；当事物消逝在远方，景象通常变得模糊不清。"

二十、观(Overview) 坤下巽上 风地观

卦辞

"观",需要镇静和凝神。深刻的内省会产生源自内在的无形之力,并能悄无声息地影响他人。不要低估这种力,如同大风吹过树梢,一切经它吹过之物都会受到影响,我们以此觉知到它的存在。

浅井难出水,肤浅常空疏。保持沉静、深刻洞察的能力会加强我们的决心,带来好运。看清自己内在究竟是深刻还是浅薄,发现它们的差异,只有这样,你才能辨别出这两者在外部世界会产生多么大的差别。

在一个事件与另一个事件的间歇期间,做做静心训练,提升意识能力,这是有益无害的。专心致志地观察事物真正的本质,领会那种指导一切创造性活动所具有的节奏和周期,我们能够发现支配我们生活的自然法则。检查自己和身处的环境,不仅要想到因此去发现真理,也需要想到因此去发现自己的个人能力。这是看到、也是被看到的时间。

爻辞

初六:当初学者训练冥想时,由于缺乏经验、智慧和正确的判断,不一定能意识到对当下环境起作用的那种力量的深厚。这种局限对初学者来说是自然的。充实的人们明白事理,他们不会被事物的表面现象误导。

在能力巨大、知识渊博之人的面前,需要特别当心。即便我们

不能完全理解他们的建议,认真听取仍然对我们有所助益。

　　六二:"闚观,利女贞。"在此情形下,自我中心影响了冥想的效果,狭小的观念代替了宏大的视野。这就像试图用显微镜或从门缝里观看万千世界一样,其实是管中窥豹。如果你期望获得成功,那就别自我封闭,把门踢开,让你的灵魂洞见更大的视野。只有这样,才能避免气量狭小带来的危害。

　　六三:内观不是逃入梦想中的虚幻世界。沉思你的所作所为带给真实世界的影响。如此,你才能看清你是否取得了进步。

　　六四:"观国之光,利用宾于王。"一个预见了问题将如何得到解决,或者预期了一条成功之路的人应该获得荣耀的地位,人们应该像接待贵宾那样优待他。客人的独立自主使得他能提供与众不同的观察,我们应该去倾听、去理解他的洞见。不要把领悟力超群的人仅仅当成实现你个人目标的工具。他们的价值要远远大于这个有限的目标。

　　九五:"观我生,君子无咎。"是自我反省的时候了。不要愤恨不满地计较你的不足,那是弱者的陷阱。考察你对他人的影响,看看事件如何因你而展开。如果你施加的影响是积极的,你就能够享受到成功的喜悦。不要试着去否认明显的事实,从实践经验中寻求真理,让你的眼光专注于现实,不要因幻象的阴影转移你的视线。

　　上九:个人已经进入超越自我中心和个人感受的冥想状态,像徒步旅行者最终到达了山巅而登高望远。如果你看到了高远的景象,坐下来歇歇,欣赏这个景观。如若不然,那就出发去到下一站。

* 艺术家的说明：

　　噬嗑，震下离上。"在此画中，闪电如火，下面的雷非常显眼。由于此卦通常指明罚敕法，赏罚分明，我添加了沉重的边界图，象征着需要跨越的边境、法律条款、官方的红线。"

二十一、噬嗑（Cutting Through） 震下离上
火雷噬嗑

卦　辞

"噬嗑，先王以明罚敕法。"

"利艰贞吉，未光也。贞厉无咎，得当也。"

眼下的局势需要你应对棘手的事情、渡过难关。实现和谐、统一的道路莫名其妙地被堵塞了，事业受挫，也许因为错综复杂的欺骗或腐败。像亚历山大大帝那样快刀斩乱麻吧，采取果断的行动，你会遇到好运。不要惧怕搅局和造势，有能力在需要的时候采取补救措施，是领导者的基本素质。

那些纪律严明的人首先必须对他人、对自己诚实。坚强和自信的人表现出诚实的品质。成功人士掌握诚实的艺术就像剑客掌握剑术一样。当谎言、妄想和游戏心态妨碍团队合作时，必须采取行动、甚至不惜使用惩罚的利剑以保住正直和团队倡导的价值观。果断与正直会带来好运。

尽管你的行动强而有力，但仍然要避免操之过急、声色俱厉或刚愎自用。三思而后行，行前确保认真思考了所有的可能情况。在关系和事件出现严重破坏的时候，可以原谅，但不要忘记，至少在个人对他的过错进行赔偿之前，如果需要补救措施，请确保它真正适合那项罪行，是罪有应得。当规则变得松懈和无用的时候，只能通过明确、及时的处罚，才能恢复其效力。当那些严重的司法问题处于危险之中的时候，一定要保留好可靠、详细的记录，毫不犹豫地公布真相。

爻　辞

初九：如果是初犯，不一定非得谴责和严惩，但某种形式的纠正行为是必需的，以防微杜渐，阻止进一步的违法行为。如果你受到冤枉，公开面对此事，但不要抱有敌意。

六二：真正的歹徒必须为他的罪行付出代价、受到处罚。对尊严的所有严重的冒犯都必须直截了当地回击。在此情形下，当人们的愤怒情绪被激发出来时，有做过头的可能。即便如此，某种惩罚依然是必要的。

六三：试图解决疑难问题的时候，你的锯子很容易卡在木头里。当你试图纠正过去的错误时，过去的怨气依然可能撒在此问题上，会反伤着你。改写过去不是你的事情。如果有罪之人不屈服、不承认，你其实解决不了这个问题。所以，在事情变得更糟糕之前，如果你选择绕开，也无可厚非。

九四：遇到极大的困难或强敌之时，不要过高估计你的权限，不要越出你的资源范围。坚定决心，谨慎前行，在困难中的坚韧最终会带来好运。遇到难啃的骨头时，需要锋利的牙齿。

六五：此爻指一个艰难的处境。体面的人自然会倾向于宽宏大量。但是，当事情的细节日益清晰，发现已经犯下严重的错误时，还是需要采取强有力的补救措施。这些措施可以是处罚那些犯此过错的人。如果是这样，记住，实施补救之人的优先权是确信处罚行之有效。换句话说，让正确的处罚为最高的目标服务，即帮助犯错者明白他们所犯下的错误，防止再犯。

上九：那些认为小错无伤大雅的人，正在滑下一条斜坡，走向毁灭。如果你已经习惯于忽视或为小错找借口，以恶小而为之，集小恶成大恶，你最终会无可救药，直到造成严重的后果。这种固执招致不幸。

22. GRACE AND BEAUTY

离下 艮上

*艺术家的说明:

贲,离下艮上。"此卦看上去是关于幻觉的。下面的火苗在山间闪烁,尽管火苗微弱,还是将画面映照得非常漂亮。火苗距离它想照耀的山顶还很远。光明可不是理所当然的礼物。"

二十二、贲（Grace and Beauty） 离下艮上
山火贲

卦　辞

"刚柔交错，天文也。文明以止，人文也。观乎天文，以察时变；观乎人文，以化成天下。"

四射的斜阳用柔和的光芒沐浴着山峦，满月的月光在涟漪起伏的河面上轻舞。优雅和美丽点缀着大自然。优雅既不是全能的力量，也不是最根本或本质性的东西。就它自己来说，是没有内容的形式。优雅是水上的月光，不是正午的骄阳。优雅带给世界以艺术的享受，提高了我们的生活质量。优雅会因为注重细节而成功。

在艺术作品中，优雅起源于对形式的把握：舞者成为舞蹈的编舞，音乐家赋予乐谱以生命，画家用画笔在画布上展现世界。在人类事务中，优雅与审美和文化形式一样，被时间打磨，为传统所尊重。通过欣赏人类文化的优雅形式，我们领悟了高于为生存而竞争的生活之上的理想的纯粹之美。

举止优雅，如同带着美好的礼物去参加婚礼，能使地位卑微之人产生蓬荜生辉的感觉。小心翼翼地在细节上显示优雅和尊严，同时为重大事情深思熟虑。即便艺术作品不应该与真实的事物相混淆，艺术天赋还是会把个人带向远方。

爻　辞

初九：要抵制虚幻的拔高你的地位和影响力的诱惑。为接待尊贵的客人而把自己的车洗干净，比租豪华轿车更优雅、更高贵。

六二：小里小气的自我装饰不能带来成功。混淆虚荣与优雅将是灾难性的。过度注重外表会掩盖运动和轴承的作用，后者重要得多。

九三：所有生命都有其令人着迷的时刻。此爻指葡萄酒带来的美妙心情。我们会受到葡萄酒的改变，或受到其他副作用的影响。学会在快乐的时候保持清醒，通过善良和幽默，优雅地为他人的生活增添魅力。避免放纵，好运属于你。

六四：优雅、才华、荣誉、好运？或者简单、尊严、荣誉、超越？如果这是你的选择，找到一个外在的符号。如果你心存疑问，很可能简单就是你的答案。开始的时候，简单的选择可能导致一丝后悔，但最终会带来内心的真正平和以及与良善之人的稳定关系。

六五：物质匮乏的人们见到他们钦佩的富翁时可能感到羞愧（缺少优雅）。尽管某种程度的羡慕是自然的，但真挚的感情是朋友间最珍贵的礼物。最后，正是这种真诚带来了成功。

上九：全面发展的个人会从内心流露出优雅，不太需要表面的修饰。当形式与内容完美结合时，简单的措施足以确保成功。

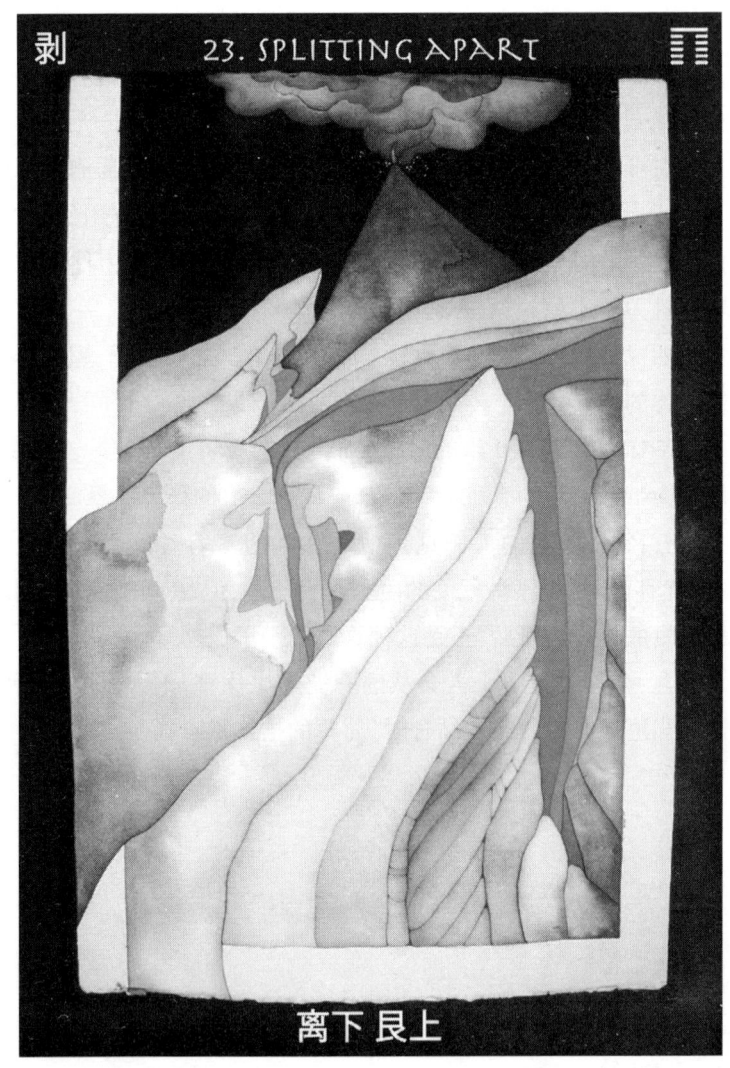

*艺术家的说明：

剥，坤下艮上。"此卦展示了地震。上面的山是一座火山，地震活动带中通常都有火山爆发。我使用了相反的颜色——红和绿，以加深彼此分离和分裂时那种强力的印象。"

二十三、剥（Splitting Apart）☷☶ 坤下艮上
山地剥

卦　辞

"不利有攸往。"

"顺而止之，观象也。君子尚消息盈虚，天行也。"

事情不是它们看起来那样。现实似乎像镜厅里所反映出来的样子。阴谋会繁殖，就像夏天的苍蝇。牢骚之人会传播谣言。这是幻觉、分裂、不信任和欺骗盛行的时刻。

如果你发现自己被困在镜厅里，有必要折回去重走，回到更熟悉的地方，在稳定而安全的地方接受抚慰。退缩没有什么可责备的。事实上，在恢复期，你的责任是保持你的力量不受损害，如同夜晚过去黎明到来，接下来会出现一段分裂的时期。

谨慎是勇气的一部分，并且是其中较好的那部分。恰当的时机很关键。学会选择行动的恰当时机，避免无用的努力；密切关注变化，注意后撤的信号。

在人际关系领域，发现幻觉是很痛苦和迷茫的。在这样的时期，明智的做法是避免采取大胆的新动作。尤其重要的是，在你感觉到事情的本质与其表象不一致的时候，不要马上下结论。

爻　辞

初六：诽谤和阴谋比比皆是。就像老鼠窜来窜去，破坏着房屋的地基，在这样的时期，任何动作都能为正在起作用的负面力量提供新的燃料。只有什么都不做才能让这种不安早日结束。要有耐

心,勇敢面对!

六二:麻烦之人在崛起,分裂之力在继续。没有出现任何有助于你的机会。当街头充满愤怒的群众,你最好关上大门。这种情形下顽冥的固执对你的事业是致命的。

六三:也许是摆脱那些带来消极影响的老关系或走出当下困境的时候了。实现这一目标的方法之一是向某个有共同语言的人表明你的忠诚或情感。当你这样做的时候,做好准备面对反对,但要知道你做的是正确的事情。记住,对于成长,随机应变是需要的。

六四:你最近经历过不幸吗?接受你的命运吧,要明白一切痛苦都会过去。鼓起勇气,相信事情不会比现在更糟。

六五:欺骗的力量经历了突然的变化,屈从于更强的真理的力量。劣势最终会削弱,当时机到来,那些等待这个结果的人能够从这个变化中受益。现在是为你的立场团结支持力量的时候了。

上九:分崩离析的局面即将结束,负面的力量已经消磨殆尽。邪恶不仅破坏善良,也毁灭其自身。当邪恶腐烂时,它留下的堆肥会滋养保留下来的良种。空气中充满鲜活、崭新、充沛的能量,使用它吧!

*艺术家的说明：

复卦，下震上坤。"此卦指冬至，也指黑夜之后太阳重新升起。我选择了展示黑暗和冬天的深沉。在重新开始之前，隧道尽头有微弱的光线。"

二十四、复（Returning）☷☳ 下震上坤
_{地雷复}

卦　辞

"出入无疾。朋来无咎。反复其道,七日来复,利有攸往。"

一个转折点让你重新充电,并最终带给你成功。此卦预示黑暗向光明的转化。冬至,是一年中白昼最短的一天,这天黑夜开始消退,白昼开始增加。现在处在转折点的风口浪尖,此时过去的让它成为过去,为新的事物让路。这是一个新的开端,一切都从休息开始。

动作不要太快。新的动力刚开始发动,转机要求你的精力在充分的休息后得到补充,这样你的生命活力才不会被过早耗尽。这是冬眠的原理,让能量进行自我更新,并通过休息得到加强。这个原则适用于很多情况:病后的康复、疏远后缓慢地取得重新的信任、老朋友分手后谨慎地重新建立新的关系。

爻　辞

初九:每个人都会时不时地遭受挫折的折磨。一些幸运的人小的时候就受到过一些小痛苦的折磨,学会了在崩溃后幸存下来。在这种情况下,一个小小的挫折不过是一点小麻烦。如果在事物变得非常糟糕之前,就采取了恰当的行动,经历这样的挫折就有助于塑造个性。坚持不懈,回到大路上来,好运在前方等着你。

六二:在任何领域反败为胜都表明了自我的克制。依靠自己自然的能力获得第一次成功,算是交上好运;在失败或者失望后转败

为胜,表明了性格的真正力量。以这些人为榜样,他们有很多东西可以教给你,比如如何摆脱自我中心、去拥抱美好的东西,这样的自我克制带来巨大的好运。

六三:那些因为缺少自我控制而不断改变方向的人冒着很大的风险。有时自认为聪明,但更多时候其实是愚蠢和不定。一定要描绘出一条稳定的人生路径,稳步地向目标迈进。

六四:那些受到卑微之人影响的人可以依靠真诚的朋友的积极支持来扭转局面。愿意放弃心眼狭小的群体也许会带来一些孤独的时刻,但有了志同道合之人的帮助,你能获得巨大的成功。

六五:当迎来转机之时,高贵的人寻找并听从他们内心的声音,找到他们自己恰当的人生道路。那些忠实于自己的人上升到了这一步,迎来了最为重要的时刻。

上六:盲目的固执带来不幸。如果僵化的骄傲占上风的话,他就会失去仅属于心胸开阔之人的机会。一旦错过黄金般的机会,试着再造这样的机会是徒劳无益的。在这种情况下,最好的态度是谦虚、放手,从错误中吸取教训。

*艺术家的说明:

无妄,乾上震下。"对不可预料之事,此卦爻辞暗示没有多少我们能够做的。所以我用了飓风作为我们在自然面前无能为力的象征。"

二十五、无妄（Innocence） 乾上震下

天雷无妄

卦　辞

"元亨,利贞。其匪正有眚,不利有攸往。"

天真意味着天然的无恶意、开放、意图纯正,不会受到隐秘不明的动机的影响。天真与年龄无关,而与态度有关。天真源于一颗愉悦、好奇的心灵。

天真,如果受到一颗坚信何为正确的心灵的指引,会带来巨大的成功。天真无邪受制于辨别是非对错的能力,否则,将会带来不幸。

天真的一个特点是愿意用同情和尊重对待所有的人和物。那些拥有纯粹心灵的人受到其本能和直觉的最好的指引,过多的思虑如果得到心灵的指引才可以作为决策的参考。提防那些需要太多聪明的行动。

爻　辞

初九:心灵的第一次冲动通常是纯洁而美好的。假如你的行动对你自己和他人没有伤害的话,自信地跟随这个冲动是安全的。当你在错综复杂的事情上陷入僵局时,回顾和审视采取这种行动的最初的冲动,检查最初的目的,这是有利无害。好运等待那些保持其天真的人。

六二:熟练的农夫在犁地的时候不会盘算着收成。在你目前的情形下,当你还在工作、事情尚未完成时,如果不去计算你做得有多

好、能有多少回报,取得成功依然是可能的。集中精力做好手头的事情,像农夫一样,耕种你的土地,一次一行,就注重你眼下的那块地,回报会是自然的。正是这种天真带给你最终的丰收。

六三:意想不到的、不应该的不幸降临到最无辜的人身上。如果是这样,抱怨世界对你不公是没有用处的。好像父母告诉孩子一样,生活中会有不公,世界会有不公。遇到失败时,除非走上大路,尽你所能的坦然接受,我们一筹莫展,做不了太多。你赢得了一些,也损失了一些。

九四:记住,如果有些东西真正属于你,或者应该与你共在,它不可能真正从你身边被夺走。顺其自然,如果是你的,它会自然回归于你。如果你对自己足够真诚,那就听从你的直觉,你不会犯错。

九五:很可能出现突如其来的不幸。重要的是找到其原因,究竟是偶然事故引起,还是源自于你自己的错误。如果仅仅是偶然事故,那就不需要做什么,让自然自己去解决,不要去人为干预。不要试图想出更聪明的、快速的解决方案。

上九:如果时机还不成熟的话,即使无辜的行动也会产生出乎意料及事与愿违的结果。当处于几乎看不到什么希望的处境时,最好的办法就是尽可能平静等待。否则,你就冒着为自己和他人制造麻烦的危险。

*艺术家的说明:

　　大畜,乾下艮上。"钻石金字塔的形状象征此卦中的地中之天。画中的这种宇宙钻石影响了大地本身的形状和质地——一个躺在世俗世界里的神圣设计。"

二十六、大畜（Containment of Potential） 乾下艮上
山天大畜

卦辞

"大畜，刚健笃实，辉光日新。其德刚上而尚贤，能健止，大正也。"

此卦指威力巨大的指挥和控制。如果这种力量管理得当，其力度还能够增强。就像在河流上建筑堤坝，或者给锅盖上盖子，厚积薄发会带来巨大的潜力。在普通的日子里，日常的礼仪和习惯有助于让生活富有规律、安宁祥和。但在特殊的时刻，需要强大的人格力量，需要聚精会神地引导这种潜能以便取得巨大的成功。

你有相当可观的能量储备和支持可资利用。这是一个培养创造力的好时机，你把自己的想法和计划汇集起来，并把它们组织协调好。现在，即使是伟大而艰巨的事业也能成功。

对那些行事高尚的人来说，其隐藏的权力来源就是对过去的研究。聪明而成功的人士的经验就像埋在泥土里的珍宝，好运将降临到那些发掘这些珍宝的人身上。他们将过去的经验应用于自己当下的处境之中，以史为鉴。

爻辞

初九：此爻表明此时你在抑制采取行动的冲动。你也许希望更大的进步，但你的路上障碍重重。沉静下来，等待更好的时机来挥洒你被压抑的精力。与此同时，保持沉静将有助于你力量的增加。

九二：现在没有抗争的必要。反对你的力量太强大了，耐心等

待才是必需的。将就眼下的处境,赢得一段时间。如果你稍作等待,你会积蓄能量,为在恰当时机采取强有力的行动做好准备。

九三:路上的障碍已被清除,重新骑马上阵的时机到了。与有共同志趣的人一道工作,坚强的意志带来好运。在拆除重大路障后的一段时间内,注意保持警惕,不仅因为需要应对前面的挑战,也因为要提防来自后面的威胁。如果障碍恰恰就是你自己的态度的问题,那么,你就不得不反反复复去清除路障。最好的办法是与其他人一起工作,他们集中注意力的能力比你强。

六四:及早采取预防措施以限制一种野性的力量,这会阻止不幸的降临。在古代,人们将一块木板固定在年轻公牛的前额上,使它们的角不再伤人。同样的道理,在遭受重大损失之前,制止鲁莽的力量是明智的。防病重于治病,防患于未然才能确保好运。当破坏性力量产生威胁时,特别的预防措施是必要的。不排除这种可能性:此爻暗示着破坏性的力量实际上可能来自你的内心。

六五:当与一个更大的力量对抗时,最好是以迂回的方式去应对这个挑战。斗牛士不会挡住公牛的去路,而是巧妙地退到一边,一点一点地消耗它的精力。他从对野兽的了解中获得了力量。同样地,根据你对自己面对的挑战的理解,你能够、也将会让对方无力以对。好运在等你。

上九:极好之运,上上签。过去被暂时抑制的强大力量,现在开始集聚力量和势头。眼下,你可以使用你的创造性力量,坚定前行,顺势而为。不要犹豫,去接受一个新的责任吧。现在你有机会去发挥有力的、积极的影响。

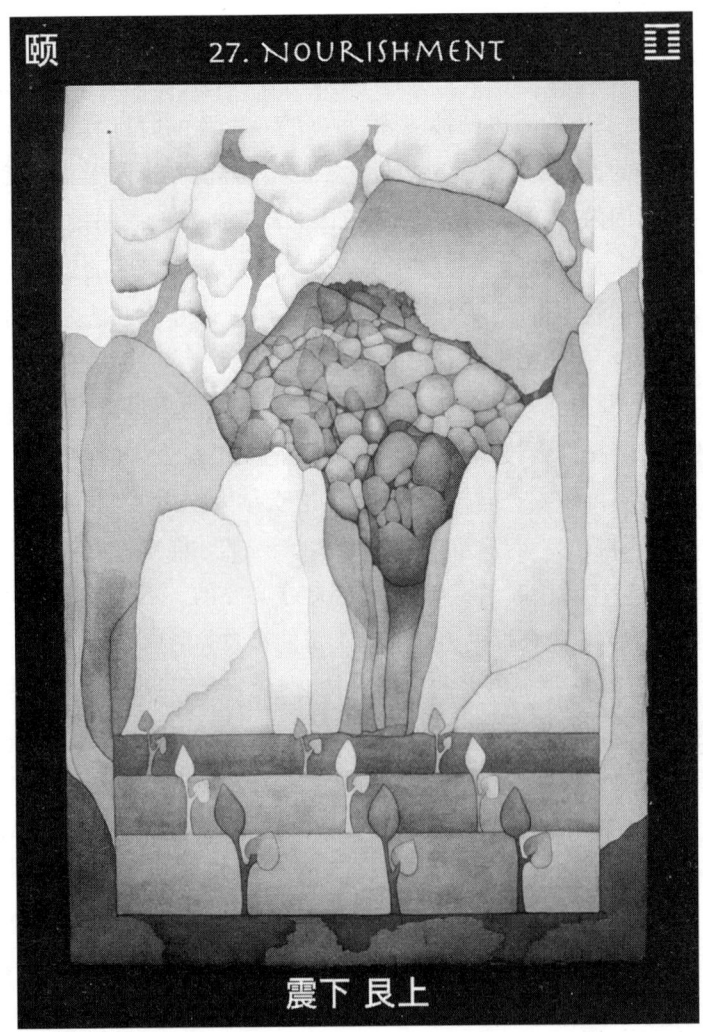

*艺术家的说明:

颐,震下艮上。"在此卦中,下面的雷象征山下的庄稼丰收时的能量。庄稼的丰收能为人们提高营养,但却是付出了大量的辛劳来栽种它们。此卦似乎涉及个人使用某种能量以使得某种东西生长,所以丰收被置于景观之中。这需要对农场进行规划并在农场上劳作。"

二十七、颐(Nourishmen) ䷚ 震下艮上
山雷颐

卦　辞

"贞吉。观颐,自求口实。"

"天地养万物,圣人养贤以及万民,颐之时大矣哉!"

营养不仅指健康的饮食,此卦里的营养还指给予他人的照顾和关爱。合理的膳食意味着我们对自己的关爱,为家人提供健康的食物则是关心家人的一种方式。写出一本伟大作品的作家,创作一部鼓舞人心的乐曲的作曲家,也是在为人们提供营养。他们深切地关注人类,将他们的作品奉献给世界。

你可以通过观察人们滋养自己生命的方式来了解世人。他们照顾和关心自己的身体吗?他们滋润自己的灵魂、提升自己的智慧、培养高尚的品德吗?他们滋养和关心他们周围的人吗?如果是这样,他们把自己的精力贡献给了谁呢?最成功的人士在饮食、起居、思虑方面都很有节制。他们通过养育更高的自我并与他人分享,以此丰富这个世界。

注意你的思想和冲动,忽略那些危害健康、消磨意志的人。智者在饮食起居方面很有节制,不节制会引起不适甚至疾病。暂时的快感之后,不适会随之而来,这倒不会影响一个性格成熟的人。同样,在你的言语和行为中要有所辨别,以免因暂时的利益而引起的欲望伤害你自己和他人。丰富你的个性,你才能以最好的方式滋养你周围的每一个人。

爻　辞

初九:嫉妒不利于健康。深深感到的贪婪加上自我怜悯的刺激,通常带来不幸。要将嫉妒逆转,就得自力更生,控制自己。

六二:那些自食其力的人的幸福感要强于依靠他人的慷慨而生活的人。继续过度依赖慈善会带来不幸。那些能够自己砍柴取暖的人其温暖感是依赖他人取暖的两倍。

六三:拒绝真的滋补品、营养品,而更偏爱身心的"垃圾食品"时,自然的力量很快会衰落,要取得重要的成就变得尤其困难。

六四:为了一个值得的目标而寻求帮助时,应该像饿虎那样不顾一切。如果你的企业是为了公众的利益,其他人会称赞你的决心。只有通过引发一股强烈的蒸汽才能加大火车引擎的力量,穿过隘口。祝好运!

六五:学会倾听带来成功。在你遇到困难时,应该去寻求他人的建议,特别是那些智者和有洞见之人的建议。当听从了他人的建议,并在关键的时候对你有所帮助时,永远不要欺骗自己,认为你的成功完全依赖于你自己。承认对他人有所依赖,否则在承担下一项业务时会遇到不幸。

上九:位高之人责任重大,因为他们的影响力巨大。他们对其部下负有培养的责任。意识到这点,不会阻止其行动。一个将军无论如何必须每天给养他的部队。不要忘记伴随权力而来的责任往往是防止其削弱的最好方法。责任带来好运、坚定的领导力和明智的抉择。

*艺术家的说明：

大过，巽下兑上。"由于此卦涉及不堪重负，我让上面的湖高过了整个画面，简直像海啸。湖不仅在风之上，事实上，风还使得湖面以巨大的、压倒一切的、会将我们吞噬的浪的形式继续升高。这就是为什么天空有好几个太阳的缘故。这是另外一个'过多'的象征。"

二十八、大过（Excessive Pressure）䷛ 巽下兑上
泽风大过

卦辞

"栋桡,利有攸往,亨。"

"君子以独立不惧,遁世无闷。"

有东西快要倒塌。一种巨大的压力正在造成失衡,引起了不稳定,需要纠正过来。但如果大坝即将决堤,首选还是撤离现场。同样,如果你身处又老又旧的矿井,感觉大地开始摇晃,此时应该采取本能性的行动,快速逃离。此时此刻,只有采取非常的措施才能产生成功的结果。当大厦将倾,首先是赶快跑出去,然后才选择你的目的地。

非常时期暴露出最好和最差的人。应对自然灾害的过程中会产生出大量英雄的故事,但也会产生抢劫和骚乱。当巨大的重量压向你的世界,高风险高回报,危难大的时刻也是获益巨大的时刻,因为一切都还处在未定之中。此时,个人既可以走向带来积极变化和提升改善的方向,也可以走向停滞的方向。要得到前者,个人必须谨慎地步入事件的中心地带,找到问题的根源,以确保平稳的过渡。

这也许是你期待已久的时机。尽管目前的挑战看起来超出了你的能力和掌控。记住,洪水在减退之前,只有几个短暂的瞬间能超过警戒线。现在必须采取行动,为未来的成功赢得机遇。你永远不知道你能力的真实边界,直到至少有一次,你迎接了危机,义无反顾,让你的每一分精力、你的每一块肌肉和神经,都完全投入到眼下的事情上。现在就是那样的时刻,要敢于获胜。

爻　辞

初六：在动荡的时期从事一项雄心勃勃的事业，智者会格外小心，尤其是起初阶段。因为激动人心，人们易于忽视周密的计划、坚实的基础。如此的粗心大意后来肯定引发问题。现在就着手细心准备，未来的日子你才能得心应手。

九二：非同寻常的合伙人会受到青睐。此爻的形象是老树发新芽，老夫娶少妻。尽管此情此景非同寻常，但一切却进展顺利。这是焕发生机和恢复青春的时刻，一个进步的时代。

九三：在危机的时刻故意向前猛冲，不顾亲朋好友的建议，会招致麻烦，会让事情更糟。不建议采取任何行动，不要固执己见。

九四：在危机时刻，与不同的人建立友好关系非常关键，带来好运。但如果你需要依赖他人的帮助，你必须在他们和在你自己的心里保持对事情的兴趣。否则，会带来不幸。

九五：那些仅仅渴望与地位更高、财富更多、权力更大的人建立关系的人，容易陷入不稳定的局面。把根深深地扎进土地里的大树才能把枝叶伸向天空。

上六：勇敢的决心能够把人带到深水区。尽管伪造听而不闻的威胁是粗心大意的行为，但坚持原则比仅仅求生存更为重要。这没有什么让人羞愧的，只要你保持清醒，知道独自前往非常危险，太冒风险。不过，没人会指责这样的勇气。

29. DANGEROUS DEPTHS

坎下 坎上

*艺术家的说明：

坎，坎下坎上。"我的意图是说明水流经的地方是阻力最小的地方。上面的水像雨一样落下，聚集在池塘和溪流中，然后溢出水岸。感觉是屈服于不可抗拒之事。"

二十九、坎(Dangerous Depths) ☵ 坎下坎上
坎为水

卦 辞

"水流而不盈。行险而不失其信。"

"王公设险以守其国。险之时用大矣哉!"

陷于危险之中,却能克服此危局的人会交上好运。就像船夫在溅起白色浪花的激流中划船一样,那些面临严重挑战的人需要保持警觉。他们必须采取力所能及的预防措施,更为重要的是,还得继续前进,驶出险途。一旦脱离危险,一切都会好转。

危险也有积极的作用,它提供绝佳的机会来净化感觉、强化意志。危机中的幸存者会重新振作起来,并在未来的挑战中擦亮眼睛、清醒头脑。

鲁莽招致危险,但面对危险不退缩有助于内心的成长。那些能够有效应对危险处境的人,是能够在混乱之中依然保持内心宁静的人。一个情绪稳定的中心,能让人在关键时刻稳住阵脚,保持敏锐和专注。专注产生勇气,勇气也源于勇敢的意愿,敢于深入到最危险的地方,以便扭转危机、化险为夷。

爻 辞

初六:那些习惯于冒不必要的风险的人会受到伤害。就像一个人突然发现他正在走钢丝、找平衡,显然,除了他本人,其他所有人其实都知道他是如何到了这个地步的。在此窘境中,做不了什么,只能小心谨慎,避免更进一步的鲁莽和轻率。集中精力,尽你所能

来恢复平衡。

九二：冷静地审视你的处境，实事求是。当人陷入困境，在没有弄清引起问题的原因之前就想立即逃离是不明智的。静坐一会儿，学一些你能够学的东西，这是这段时间最适合做的事。

六三：就像攀岩者在峭壁上被困住了，在高高的悬崖上，任何动作，不论是往前还是往后，都是绝境，进退维谷。忘记逃跑吧，现在根本不可能。眼下能做的就是等待救援，或者找到新的出路，过早的行动只会让那些试图帮你的人陷入更为复杂的境地。

六四：让合作成为你的首要目标。当危险即将到来，没有必要讲究客套。礼貌社会的外在形式很快就会消失，这也无可厚非。在不确定的危险面前，首要考虑的是救助。在这样的时刻，占上风的不是繁文缛节。

九五：过多的野心使人濒于危险。当峡谷中水位迅速升高之时，请只考虑如何逃离。找到出路，走一条阻力最小的路。无可厚非。

上六：此时就像囚犯，受到了限制和约束，处于危险之中。如果你举止恰当、保持忠诚，不管事情有多棘手，你最终会脱险。你是咎由自取、自作自受，记住这点很好。你已迷失方向，陷入重重困难，看上去没有解决的方法。不要放弃希望。不久的将来，你就会找到出路。

30. CLINGING LIKE FIRE

离下 离上

*艺术家的说明：

离，离下离上。"火焰紧紧贴着其燃料，对于火的存在是必须达到的极点。下面的燃料我用黑色的树来表现，树也已经燃成了火焰。"

三十、离（Clinging Like Fire） 离下离上 离为火

卦　辞

"离，丽也。日月丽乎天，百谷草木丽乎土。重明以丽乎正，乃化成天下。"

火苗紧紧依偎着燃料以便让火燃烧。同样，在人间，任何散发光或爱的事物都依赖于别的东西。通过我们互相依赖的网络，我们看到任何事物都互相关联着，任何事物都会与其他事物发生关系。意识到自己对他人的依赖，是打开认识自己在世界上所处真实位置的钥匙。没有人是一座独立无依的孤岛。

火也象征解放。噼里啪啦的火星飞出房屋。吊诡的是，如果我们顺任自然的、恰当的事物，我们反而赢得了内心的自由。

就你的坚持不懈而言，此卦标志成功。尽管有挑战，但依然要看到你内在的光辉、他人的光辉、生活的光辉，永远不要忘记你对至善的积极追求。当事件有先兆时，或者人们看上去很悲观时，记住好事已经发生，并将继续发生。坚持这个观点就是向往光明的力量，这是唯一能够照亮黑夜的力量。

爻　辞

初九：在新的一天醒来，聚精凝神是必要的。这样你当天需要完成的中心任务不会被丧失理智的其他事情遮蔽。在事情开始时你就应该让自己镇静下来。正如播下种子，它们就会生长。在没有仔细思考清楚之前，不要开始一个新的项目。

六二：太阳升到了最高空，这预示着特别的好运。当生命的火焰燃得最旺的时候，火光会照耀你的整个世界。它进一步让你在这样的时刻保持活跃，稳定地坚守，稳健地行动。

九三：在一天结束的时候，夕阳西下，让人想起世事的无常和一切存在的短暂性。伟大的灵魂明白死亡会在规定的时候来临，在此之前，生命是用来生活的。当我们还拥有生命的时候，享受简单的快乐，把命运掌握在自己的手上。

九四：清晰的头脑是最有价值的，它的光芒会缓慢地、均匀地照亮我们眼前的事情。真正的智慧必须与诚实的品质、真挚的感情相结合，否则，它会将自己烧伤，就像干草上的火。那些才华横溢的人应该学会磨炼他们的洞察力，这样才不至于引起他人的敌意。那些无法安宁、对他人没有耐心的人也许会很快博取眼球，但也会很快跌落下去，似昙花一现。聪明反被聪明误。

六五：清晰的洞察能够让你穿透生活假象的面纱。如果这种洞察伴随有心灵的相应变化，让你放弃了妄念，这会带来好运。一旦我们看清人类的虚荣，会出现两个极端事件中的一个。你要么继续为生活的馈赠而奋斗，好像它们是真的；要么你发现自己跌入了失望的深渊。失望之后，那又怎样呢？

首先，看山是山，然后看山不是山，然后看山又是山。无可厚非。

上九：过于严厉的纪律，像过于严酷的惩罚，不能达到它真正的目的。找到困难的根本原因，采取强有力的行动去斩断根上的消极性。对小的瑕疵抱有怜悯，做到通情达理。太阳有黑子，难道意味着它应该从天空中移走吗？

*艺术家的说明:

　　咸,艮下兑上。"此段卦爻辞谈的是诱惑或说服。此处的景观是坐落在山上的湖泊,也许是为周六晚上的派对所做的布置。"

三十一、咸（Mutual Attraction） 艮下兑上
泽山咸

卦辞

"天地感而万物化生，圣人感人心而天下和平。观其所感，而天地万物之情可见矣。"

对立双方的吸引力是强大而基本的力量。此卦的意象是初始阶段的互相吸引。为了回应两人之间磁铁般的互相吸引，阳刚原则（创造的、外向的）掌握主动，然后屈从于阴性原则（接受的、养育的）。当主动的一方能够听从接收方，而接受方也能够接受其领导，最终将产生令人震惊的、互惠双赢的结合。这将带来好运，因为所有的成功都依赖于这种或那种形式的互相吸引所产生的效果。

在互相的吸引中步调一致是很重要的，这一点将勾引与求爱区别开来。

如果你天生是一个主动的发起者，你走出第一步，这很好。但是你必须保持敏锐，坚持原则，避免操纵一切的冲动和诱惑。让那种互相的吸引力推着你向前走。如果你是被动接受型的人，记住，不要胡思乱想、不要傲慢自大，要善于接纳好的建议或有益的帮助。当你因纯真无邪而增加了影响力时，一种强大的磁力就会在你身上发生作用。

不管怎样，对那些带来好运的力量要保持敏锐和开放；另一方面，对那些自我封闭其灵魂的人你则应适当远离。学会听从来自内心的进和退的信号。

爻　辞

初六：在他安全的床上，那个男士摇晃着他的脚趾。这意味着他要远行吗？无从得知。这并不重要。

六二：如果一位女士送秋波而男士报以微笑，这是要结婚的信号吗？几乎不可能，避免不成熟的迷恋和轻率的行动。耐心地等待，搜集采取行动所需的更多的信息，以及更清晰的行动理由，这才能防止不幸。

九三：谨防下意识的情绪反应。当腿受到情绪的支配时，会产生一种向四面八方乱跑一气的冲动。动动脑子，小心筹划你的行动，这样你的精力才不会分散，不会受到不假思索的冲动的伤害。在心灵与大脑之间保持平衡，为更好的抉择和真正的自由提供保障。

九四：当某种吸引触动了你的内心，其精神感召着你，此时保持不动心毫无益处。不应该让任何东西阻挡你的步伐，但也要避免有意识的计谋和操纵。不管怎样，这将会切断、扼杀真正的感情，让你感到压抑、紧张、疲惫。跟从你的内心，很有可能你的思想和情感所系的另一位也会在这方面跟从你。

九五：你要意志坚定，任性会带来混乱。此爻表明那些信仰坚定之人的决心，此事没有理由懊悔。但是，顽固的野心不断扩大，个人会被它迷住，你不再听从有益的建议和帮助。不要让急躁和恐惧让你失去接受性，以至错过了他人的帮助和好的建议。

上六：光说没用，仅仅嚼嚼舌头会浪费一个人的时间，不会增加对成功的预期。试图用空洞的、谄媚的话语去影响人最终会被证明是愚蠢的。再多的谈话也不会改变互相吸引的基本物理事实。没有火花，任何风都不会将火点燃。

*艺术家的说明:

恒,巽下震上。"此画想阐明对某种东西的耐心,不顾及压力、气候或者时间。此画中持存的东西是一块石头的结构,被风和暴雨冲刷着。时间作为一个因素,是由上面的月亮来暗示的。"

三十二、恒（Endurance） 巽下震上
雷风恒

卦辞

"日月得天而能久照，四时变化而能久成。圣人久于其道而天下化成。"

果断与灵活相结合能训练出耐力。长跑健将必须适应情况的变化，同时保持强烈的目标意识。两棵长在近旁的树需要弯曲一点，调适自己以提高相互的存活几率。代表持久性的典型形象是亲密伙伴之间的稳定关系。在参与外部世界的活动与培养家人之间的关系方面，他们能保持动态的平衡。

真正的持久性并不建立在刚性、刻板、僵化之上，因为耐力包含着灵活，不是锁定在某个位置上不能动弹。只有通过适应变化我们才能留在赛场上，只有深化我们的目标意识我们才能鼓足力量去赢得比赛。

在运动而不是在静止中才能获得持续性。逆水行舟，不进则退。一旦停止生长就只能走向衰退和死亡。积极地变化，同时与自己的根基紧密联系，随时关注你深沉的思想和情感。

爻辞

初六：尝试快速建立持久的关系易于遭致不幸。最好是锻炼耐心，不要指望迅速的成功。让事情慢慢发展，一步一步循序渐进。最能持久的东西是经过认真培养的东西。如果你渴望太多、太快，你也许会一事无成。

九二：经过漫长努力获得的成功属于那些知道如何管理自己资源的人。如果你试图得到那些超过你能力的东西,时间就是你的朋友。集中精力,坚持不懈,洞察世事。控制你的精力,避免现在就急着去冒险,世上没有后悔药。

九三：喜怒无常、变化不定招致不幸。目标意识减弱也许源于过度的关注欲望、关注他人的意见和看法。享受生活中的简单快乐,这甚至能让你的工作得到改进。陶冶出稳定的性格能使那些潜在的让你蒙羞的东西无计可施。

九四：仅仅依靠纯粹的动机不能确保成功。技巧和策略是需要的,但这仍然不够。在沙漠地区寻找猎物的猎人能够长久等待而不开枪射击。在错误的地方持续搜索将一无所获。掌握自己企业的基本技巧,聪明地摆正自己的位置,你的努力不会白费。在正确的地方寻找你想要的东西,才有可能找到它。

六五：只有掌握时代的真正潮流才能够决定你是积极支持者,还是自行其是者。眼下,此情此景要求于你的角色,要么是积极主动的领导者,要么是跟随者,对此没有绝对的答案,没有现成的公式,没有一劳永逸的解决方案来确保好运。坚持到最后,你必须调适,不断调整,就像船员对付海风一样,让你自己受到超过你、大于你的呼召之风的指引。

上六：躁动不安会消耗耐力。在圆圈中疾走只能让人头晕。寻求方法来重新恢复你的沉着,这样才能调整你的身心,就像调好了弦的小提琴。只有当内在的迷乱和狂躁停止时,你的灵魂的美妙音乐才能回荡在时间的大厅。坚持不懈,往前推进。

*艺术家的说明:

遁,艮下乾上。"此画是一个相当正式的、按固定格式做出的景色。撤退由画面中央三个后退的、受控的正方形表示,整个画面柔和的色彩也能表现这点。"

三十三、遁（Retreat） ䷠ 艮下乾上
天山遁

卦　辞

"刚当位而应，与时行也。"

任何一个值得追求的目标都会遇到阻力。当负面的力量占上风时，一个正合时宜的后撤可能是一个好的行动，以便保存你的能量，让你坚持下去。

战略撤退不应该与逃跑和投降混为一谈。一个正合时宜的撤退需要迅速地、敏捷地行动，以便在眼下的威胁让你受损之前撤到新的地方。采取这样的行动，不表示你承认失败、认输，而是增加你的选项，保存你的能量和其他的资源。有时候，你需要放慢速度、放手、撤回，以便为将来的行动，或者把对手吸引得更近一点而把自己摆在更好的位置上。时机最为关键，准确定位和个人安全一样重要。巧妙的撤退是智慧和力量的表现。

收回或后退、撤退的时候需要冷静的头脑，运用你的智慧吧。注意细节的同时腾出足够的时间思考大局。保持创造性，记住，不是所有的进步都是直线的，保持自信很关键。如果我们限于自我怀疑和顾影自怜的话，小小的挫折就能够轻而易举地变成失败。一个自信的撤退能够带来成功。

进步的浪潮是很短暂的，努力调适自己去适应生活中的大起大落。如果你想得到什么东西，那就让它来找你吧。不要愚弄自己，不要以为只要你愿意，就能够"挽回"任何局面。有些事情大于你，让你的傲慢处于可控范围。当开创性的新起点出现的时候，你已经为它们做好了准备。

爻　辞

初六：在撤退中，选择位置是性命攸关的。避免太暴露，太接近你对手的范围。如果你不想把自己暴露在对手的视野中，最好的策略是保持安静、低调，期待这段时间的过去。要特别小心，因为现在的任何行动可能会有利于你的对手。

六二：此变爻指的是这样一种情景：一个正直的人受到了攻击，或者受到了反对力量的猛烈追击。在这种险恶的情景下，正面应对是必要的，但受到攻击时暂时撤退而不是正面冲突，也能为你的事业赢得同情。

九三：撤退时受阻会带来不幸。从危险中或者极度复杂的情形下撤退时，你必须行动起来。有时，奉承者、阿谀者、无力者会阻碍撤退，尽管他们不是你团队通常想要的人，但在撤退过程中，需要与他们打交道。如果你提醒自己，这些人不是真正合格之人，撤退结束后，不要在你的事业中委以他们重任，才会带来成功。

九四：从冲突中优雅地后撤，你会保护自己免于蒙羞。更进一步，你避免了对手的反对，这本身就是有策略的行动。在狂热中优雅地撤退不是一件容易的事情。优雅会防止你妥协，或者丢面子，只有更高的品性才能做到。一旦失去了更高的自我的指引，那些自卑的人会遭受痛苦。站起来面对这种情况，恰当地应对挫折，长远看来，是取得重要进步的机会。

九五：如果已经选择了撤退的正确时间，后撤可以快速而平稳地进行。即便撤退，也要对路过的所有便利设施心存友好。关键是保持明确的重点，采取果断的行动。一旦做出决定，不要让自己受到小事的干扰。去行动吧！

上九：当所有迹象都表明应该撤退或辞职时，采取相应的行动不会后悔。有时，大的事件会自行解决。这样的话，它不会帮你保持对过去的、无用的目标或野心的留恋。最成功的方法是高兴地接受命运的安排,心甘情愿地在敞开的道路上前行,即便这条路把你带到不熟悉的领域。如果你能让自己和其他人微笑,那就是一个漂亮的成功。

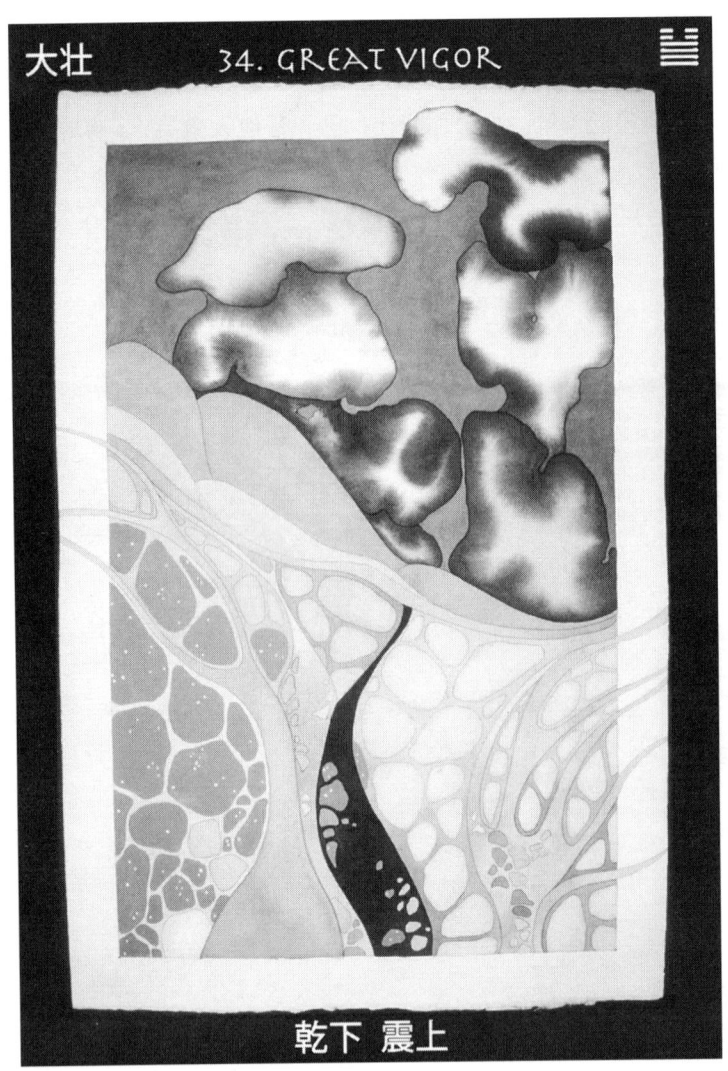

*艺术家的说明:

大壮,乾下震上。"此画面按照固定的格式来象征性的展示惊雷和天空。下面的天空,我使用了深蓝色和星星,期望达到光芒四射的效果。在上面,雷在不祥地集聚。"

三十四、大壮（Great Vigor） 乾下震上

卦　辞

"大壮利贞。"

恭喜你……眼下你充满生机和活力，就像一只能够撞倒篱笆的公羊，有能力把自己从圈养中解救出来。这表明已经积蓄了一股强大的力量，它将开始发挥作用。

当一个领导走向重要岗位时，他/她的个人力量通常已经达到巅峰。攀登山顶需要极大的耐力，而一旦到达顶峰，就需要其他人的支持来维持阵地。因此，态度的转变就成为保持正确和公正的必要条件。让你的力量受到智慧的调节，做到有勇有谋。为了维持权力，真正强势的领导者得学会与他人分享。只有这样，他的地位才会稳固，因为他不仅是权力的拥有者，而且也是权力的赐予者。

如果你发现自己处于强势地位，重要的是负责任地采取谨慎的行动。不能让权力仅仅退化为原始的强权，冷酷无情地践踏途经的所有事物。对集体利益的强烈责任感是成功运作权力的钥匙。让直觉来告诉我们哪儿是更大的利益所在，避免鲁莽的滥用，以防止最终消耗了我们的力量之源。自大傲慢包含着自我毁灭的种子。

爻　辞

初九：精力旺盛并不确保自动的成功。如果你从低处或弱势的地位开始你的行动，刻意地、过早地通过强力来推进，通常会带来不幸。即使对那些力量强大和能力超群的人，其进步也必须循

序渐进。

九二：好运之门敞开了，向前冲的时机已经到来。在大好时机显露的时刻，当心过早的庆祝，保持你的平衡。

九三：一只公羊撞开了篱笆，但它的角被缠住了。它也许是羊群中最强的那一只，但是骄傲、自大给它自己带来了不幸。避免徒劳无益地展示权力或武力。

智慧的领导用注重细节的行为来衡量成功，而不仅仅是有勇无谋的力量。权力只是燃料，精度是其调节器。

九四：果断的强力带来成功。像大货车的车轴，强者的力量是潜藏着的。静水流深。通常，展露得越少，其力量越大。静静地把内在的力量施加给外部的世界，阻力会瓦解，如此才能取得伟大的成功。

六五：当强者发现自己处于散漫、轻松的状态时，会失去警戒，造成权力的削弱。如果你的工作和环境中缺乏外在的阻力，暂时可以放松，享受生活，但要避免变得自满。如果是在娱乐活动中，那就学着为自己制造点挑战和困难吧。

上六：用力过猛会激起强烈的反对，形成僵局，进退维谷，使得前进和后退都不可能。如果你把事情做得太绝，你唯一的选择可能是认识到因过度的进攻性态度引起的障碍，从而做出恰当的调整。

*艺术家的说明:

晋,坤下离上。"有些形象,像地平线上的金字塔,意味着短暂的进步——今天的进步也许明天就化为灰烬。这里的其他形象,尽管抽象,但指向前进的方向。明亮的颜色预示乐观向上。"

三十五、晋（Easy Progress）☷ 坤下离上
火地晋

卦　辞

"康侯用锡马蕃庶，昼日三接。"

这是一个容易而自然的过程。曾经弱小的现在开始上升，得到一个显赫的位置，变得强而有力。此处的形象是上升的太阳的光芒，初升之时透过迷雾看上去还比较朦胧。同样的光，当太阳升到当空的位置时，就会发射出强烈的光芒。

那些处于从属地位的人与其上位者相处和谐就能取得进步，这样做也是一种自然的方法，使得他们的天赋和能力为人所知。辨认出事件的走向，并顺势而为，我们的马车就能搭上冉冉上升的太阳的便车，我们的地位得到提升，并赢得尊重。

人性中的善如同朦胧但美丽的旭日。贪婪、仇恨及其他形式的自我损耗能够遮挡其光芒，就像晨曦会被大雾所笼罩。要记住，如果采取了恰当的行动，而不求立竿见影的回报的话，轻而易举的成功是可能的。

爻　辞

初六：前行受到了挫败。如果你缺乏自信，请保持安静，接受这个现实，即你的影响力还不够大，不足以带来巨大的进步。尽管热切地渴望进步和提升，你担当领导角色的时间还没有到来。如果没有人给你太多的关注，不要垂头丧气，不要心怀怨恨。保持安静和专注，你会避免那些阻止你进步的严重错误。

六二:缺乏进步也可能仅仅因为缺少正确的联系人。如果你在对方还没有机会对你产生充分的信任之前猛力推动的话,进步会停止,尽管这令人沮丧。通过坚持不懈的努力,重要的人物会注意到你,并一路帮助你,但他们会以自己的节奏来帮助。避免因缓慢的进步而感到泄气,耐心点。

六三:往前推进带来好运！得到上上下下人的支持和拥护,进步无法阻挡。

九四:在取得重大进步的时刻,强有力的人容易积聚财富。当用不正大光明的手段敛财时,迟早会被曝光。当心,以不正当的方式积极进取肯定会招致不幸。

六五:当处于服务那些更有权势之人的位置时,一种文雅的、慈善的态度能够让全体获益。你也许责怪自己闯劲不够大,不太敢于下手,没有利用自己的权势。但长远来看,获得小利的机会会让位于更好的运气。

上九:为了取得进步,需要强的、精力充沛的行为时,确保你的鸭子在你开始之前排成了行。要特别当心避免在你没有建立起亲密关系的人那里表现你过度充满活力的主动权。如果一座桥不能承载重量,就不要用它。

明夷　36. DARKENING OF THE LIGHT

离下　坤上

*艺术家的说明：

明夷，离下坤上。"光线逐渐变暗，就像太阳在黄昏时坠入地平线下。因为这种黑暗带来怀疑和恐惧，画面中的树似乎带有一种胁迫，一种凶兆——这是薄暮时分一个人所能想象到的恐惧的事物。"

三十六、明夷(Darkening of the Light) 离下坤上
地火明夷

卦　辞

"利艰贞。"

当光线变暗,此时让自己深藏不露是明智的做法。此卦象暗示黑暗刚刚开始,这是黄昏之后或者炉火熄灭之后的那段时间。留下了白天从事的很多事情,外面的世界处在最为危险的时候。即使最小的声音,最微弱的光线,也能引起不必要的注意。

当愚蠢、矇昧充塞人类事务时,最好韬光养晦,把你的才华"藏在篮子里",让你的思绪安静下来,自我独立、自我保护,避免有害的影响。

当有太多危险的不确定性存在时,别让自己被传统的观点所左右。尽量不要变得过于沮丧和焦虑。这段时期会过去,暂时忍耐一下,保持你内心的自信,保持与外界的合作,灵活处事,相信属于你自己的时间总会到来。在没有实现自己的目标之前,避免过于超前,这只能刺激欲望,做出后悔之事,销蚀你内在的力量。

所以,谨慎、淡定、自我节制,不要激起无谓的反对。在黑暗、动荡的时期,最好轻手轻脚地绕过熟睡的狗。

爻　辞

初九:在山洞中迷路的时候,一个小的蜡烛胜过一千个梦想中的光明。用无视这些障碍的方式来超越它们是徒劳无益的。如果障碍是真实的,个人不能沉溺于幻想中的成功。沉溺于幻想将导致

尊严的丧失。除非有真正的成功机会,否则,不顾眼前处境,一心只想着去解决大的问题,这是鲁莽的表现。

六二:在危机之中依然尽职尽责会带来好运。此卦象是一个在灾难中受到伤害的人,却轻松自若地去救护其他在同一件事情中受伤的人。灾难降临的时刻,救援工作为施救者和被救者带来持久的利益,这样的努力肯定带来好运。

九三:取得了战胜黑暗势力的胜利,好像是偶然天成。但不要急于去纠正过去的错误。一些伤口只能自己治愈,这需要时间。不过,如果突然降临一个机会,能把发怒的野兽关进笼子,那就关上门,锁上它。

六四:夜晚有迫在眉睫的危险。此爻的形象是一个成长于负面影响中的人。一旦你感觉到负面的影响,假装它不存在是没有意义的。只有接受你直觉感知到的真实,你才能在邪恶释放之前加以防范,就像暴风雨来临之前找到你的避风港那样。

当靠近暗能量的源头时,坚持走在错误的路上会招致不幸,远离它吧。

六五:面对黑暗势力,小的欺骗可能有用,只要你内心深处那些坚定的信念不会妥协。尽管你也许被迫采取非常措施,在通常情况下你绝不考虑采取这样的措施,但还是要坚持你内心的原则。不管你怎样去欺骗那些有恶意的人,还是要避免欺骗你自己。

上六:现在到了最最黑暗的时候,黑暗已经开始消耗它自己了。当负面的能量最终被消耗殆尽,聪明、善良的人们自然会再现,并赢得显著而正当的地位。

*艺术家的说明：

家人，离下巽上。"火象征家庭，其内部结构包含有壁炉。房屋掩映在树叶和树木当中，代表着与家庭观念有关的各种各样复杂的纠葛。上面的风带走了温馨的家庭炉火中冒出的烟。"

三十七、家人（Extended Family） 离下巽上
风火家人

卦辞

"男女正，天地之大义也。"

一个兴旺的家庭培养了家人之间健康的互相依赖关系。尊重不同的角色是至关重要的，如同夫妻之间也要有各自的权力界限，这对夫妻关系也至为关键。事实上，牢固而和谐的家庭关系依赖于家庭、家族中的每个成员，他们之间的信任、承担职责、良好沟通都是基本的价值。应该鼓励每个人去发现他/她自己的位置和恰当的贡献。

一个和谐的家庭是一个团队，象征着理想的人类之间的相互依赖，这一直被证明是社会的基础。健康的家庭是共同体的雏形，是伦理价值能够生根发芽的土壤。假使这块土壤肥沃，整个社会都将受益。

一个和谐的家庭，其力量来自于男女之间的平衡，养育性、接受性的力量与外向的领导性、责任性力量能够紧密结合。换句话说，就像好的父母对子女的养育，父母双方的话语应该保持一致、具有意义和力量。兄弟姊妹之间的关系和他们与父母的关系也带有男性和女性不同力量的性质。各种团队的关系通过培育阴阳的平衡、保持开放、肩负责任而得到改善。学会互相倾听和接纳，乐于在自己所属的团队中承担恰当的角色。良好的团队精神对每个人都非常重要。

爻　辞

初九：为了成功,每个团队都应该制定指导方针。开始任何一个需要权威的活动或项目时,稳定而均匀地行使权力是至关重要的。开始时可能会引起问题,但这是创造稳定局面并产生积极效果的唯一途径。如果仁慈仍然是权威中的应有之义的话,不满很快就会消失,事情变得顺利。领导和培训他人需要你自己诚实无欺、前后一贯。

此爻的另一个方面是不要溺爱孩子。明智地建构自己的家庭,一切都会好转。在一个家庭或一个团队,你应该合理地回应你的责任对象的个体需求——包括他们有时发泄脾气或者其他的情感需求,你自己还得保持内在的平静。如果你有一次对在家具上乱刻乱画的孩子网开一面的话,当孩子再犯时你能责怪孩子吗?如果你因迁就孩子的要求,惯坏了他,你迟早要面对一个误入歧途的浪子。这可不是一件容易的事。

六二：你有必要考虑团队的需求,像一个细心的主妇照顾她的孩子那样。你持续的关怀将使整个团体受益。现在是安静、集中精力来处理手头事务的时候了。这样,所有的人都会得到发展。

九三：纠正措施应该严格,但不要过分,尽管严格比宽松好。不要纵容你监护的对象,当他们犯错时也不要太过苛责。过分的严厉会导致更大的遗憾。最好是建立严格的限制措施,同时允许一定的自由活动空间。

当权者不容忍坏习惯将带来好运。

九四：团队内部的协调推动事情的成功。收支平衡将带来巨大的财富。

九五：权威的位置促使人变得更具爱心和信任感,而不是胆大妄为和前后矛盾。例如,当父母或领导选择把爱当做家庭生活的中心时,整个世界都准备以善意来回应一切事情。

上九:你有信心,你的努力得到了尊重。这是一个受到奖励和得到他人认可的时期。记住,一个有影响力的领导、一群朋友、队友或家人,都有责任树立一个好的榜样。通过完善你自己的个性,你会影响他人,并带来秩序。

38. DIVERGING INTERESTS

离上 兑下

*艺术家的说明：

睽,离上兑下。"鉴于这里有两种对立的元素,上面的火焰和下面的湖泊,我试图表现出温度极限的张力;在这种情况下,冬天结冰的湖泊和上面的火焰是太阳温暖的颜色,而不是气温方面的温暖。火焰和湖泊没有融合。"

三十八、睽(Diverging Interests) 离上兑下
火泽睽

卦辞

"天地睽而其事同也。男女睽而其志通也。万物睽而其事类也,睽之时用大矣哉!"

出现了某种程度的疏远。比如,当兄弟姊妹结婚后,他们分开了,他们要去效忠新的家庭。虽然他们想保持足够亲密的关系,以处理需要共同面对的问题、分享小的兴趣,但他们已经不能一起去承担大的项目了。简单点说,当人们分开后,即使因为很自然的原因,他们的观点、价值、兴趣都会出现分歧。

不同的个性和利益造成人与人之间的相互反对。如果这种反对发展到疏远和敌意的程度,不会带来好的结果。但是,当反对采取的是健康的竞争方式,或者它恰恰是自然秩序的一部分,人们逐渐认识到这点,人与人的关系还是可能出现好转的。

当利益的分歧造成了停滞、徒劳时,记住,在两极之间通常都存在创造性的可能性。要注意到对立面的相互作用,这在生活中是很基本的原则。正如象征"道"的阴阳太极图一样,阴中有阳、阳中有阴。

当反对派也有其基础性的原则时,那你就保持你的诚信、正直和独立。离开那些粗俗的人、那些与你的价值观不一致的人。无论是个人还是公司,衡量其高度的标准要看其竞争对手的素质。

爻辞

初九:试图弥补由小小误会引起的疏远,会把人带到类似这样

的情境中：就像某人的马逃出了马棚。如果人们徒劳无益地在后面追赶，努力去抓住它，那么，马只会跑得越来越快。但是，如果那人回到家里，事情却会轻而易举地解决，因为饥饿和口渴的时候马会自己回到马棚。

放手，让小小的争端自行解决，让其他人自愿回来。在小的纠纷中倾注太大的力气会使你偏离目标，使和解更加困难。

对于那些可能会强迫自己的消极型人物，即使出于某种误解，谨慎对待也是应该的。在这种情况下，积极的干预可能会引起敌意和更多的问题。最好的办法就是忍受他们，直到他们最终自己达成一致。

九二：这是一个艰难的时刻，需要与你圈子里存在误会的人相处。然而，如果你真的有机会"意外"碰见，这可能是一个和解的机会，只要你们之间还有一点内在的亲和力。只有当你放弃不信任，愿意让自己去了解他人的真相时，和解才会发生。

六三："墨菲法则"有这样一句话："可能出错的一切最后都出了差错。"有时似乎连宇宙都在密谋着反对你，但当反对达到高潮时，很快就会出现另一个开端。当运气不佳时，最好的策略是联合一个运气比你好的人。只要有正确的态度，并坚持下去，好运终会回来。

九四：如果你发现自己与一群没有共同点的人在一起，敌对的种子可能变成对个人的孤立。在这种情况下，理想的解决办法是找一个与你有共同利益的人，你可以信任他。接纳一个好朋友或搭档，可以克服内心的对立。

六五：当一个真诚的人开始反对你时，你应把问题看得深刻一些。可能是你对此人的判断有误，或者你自己的态度或行为有过失。人生在世，应该公开面对真诚的人：这怎么可能是一个错误呢？

上九：不能清晰地感知世界，就会产生隔阂。防卫过度的人往往把各种险恶的动机归咎于他人,甚至是那些愿意成为其朋友的人。这种思维方式会产生隔阂。扭转这种恶性循环所需的一切,就是更仔细地观察这个世界,不带偏见,诚实地对待你自己的态度中可能出现的错误。

　　这将导致自尊心的增强,可能会进一步找到问题的根源。往好处想他人的人,也往往容易往好处想自己,反之亦然。

39. TEMPORARY OBSTACLES

艮下 坎上

*艺术家的说明：

蹇，坎上艮下。"山上的水被许多凹凸不平的岩石堵塞了，水的路径是迂回的，天气是阴沉的。我把水上的障碍画成了红色，看起来更危险。这不是一幅轻松旅行的照片，连小鸟也停止了歌唱。"

三十九、蹇（Temporary Obstacles）坎上艮下
水山蹇

卦　辞

"蹇，难也，险在前也。见险而能止，知矣哉！"

在达到目标或实现抱负的过程中，暂时的困难是不可避免的，这并不总是一件坏事，最终克服障碍、困难甚至挫折都可以转变为无形的资产。沙粒若不刺激牡蛎，珍珠就不会产生。

这里所指的困难和障碍不会永远存在，困难是暂时的。当一块大石头掉落在你行进的路上时，最好的选择是绕过它，而不是试图搬走它。需要看到，暂时障碍的最大的特点就是它们是暂时的，不要看得太重。

即使是最难缠的绊脚石也有积极的意义，它能使一个人转向内心，并因此培养出更好的品格和更清晰的自我认知。无知的人哀叹他们的命运，试图将自己的问题归咎于他人，聪明的人则总是在想问题的原因是不是在自己身上。通过自省，障碍可以成为个人成长和自我发现的手段。

如果没有空气的阻力，没有一架飞机能够起飞。

如果你正面临进步的停滞，不要过分担心，挑战是实现每一个目标、完成每一项事业的一部分。挫折和逆转会影响士气，但在困难面前保持信心是成功解决诸多问题所必需的。对于暂时的障碍，最好以一种顺从自然的态度来处理。绕着巨石转一圈，也不要把它扛在肩上。

爻　辞

初六：你前面的路被堵了，此时不宜采取直接的行动。退后一步，反思当下的形势，等待恰当的时机来克服障碍。面对危险的路障，盲目前进是错误的。寻找一条出路，或者绕道行走。另外，还得等待行动的恰当时机。

六二：通常，如果一块巨石挡住了你的去路，你最好另找出路。除非你的职责或先前的承诺要求你去直接面对障碍，也就是说，你必须去搬走石头。即使面对障碍意味着个人承担风险，我们仍然必须尊重责任和道德义务，因为正直是一种难以补充的资源。

九三：当一个人肩负责任或处于领导地位时，面对困难时必须小心谨慎，要考虑到多方面的需求和各种后果。在这样的情况下，草率的决定和行动会带来不幸。然而，一旦制定了行动方案，领导者必须坚定和果断。保证你的优先目标。那些依靠你的人将高兴地看到你把他们惦记在心。

六四：大的障碍往往不能单枪匹马地克服。移动一块挡在道路中间的大石头，大家一起使劲就会使事情轻松完成。在你得到值得信赖的支持者帮助你之前，不要去应对巨大而严重的障碍。没有得到支持之前就贸然行动，会招致不幸。

九五：在真正危急的情况下，在采取行动之前，人们没有时间等待制定谨慎的策略或寻求他人的支持。在这种情况下，立即行动先于制定战略，而你坚定的意志会激励其他人的加入。需要采取大胆的行动时就采取行动，这会带来好运。去克服困难的时候，哪怕只有51%的正确，也胜过忽略不顾的100%的错误。

上六：当一个困难的情况恶化成一团真正的混乱时，只有大胆、及时的行动才能扭转局面，带来成功。此爻暗示这样一种情况，前面是路障，后面有困难，腹背受敌、进退维谷。没有前进的路，也没有后退的路。形势如此复杂,似乎是一个没有出路的陷阱。当这种情况发生时,加倍努力。尽你最大的努力,不要担心后果,寻求有权力和有能力之人的帮助。当你找到强有力的支持时,突破是可能的。相信自己的经验,你能挽救局面,好运在等你。

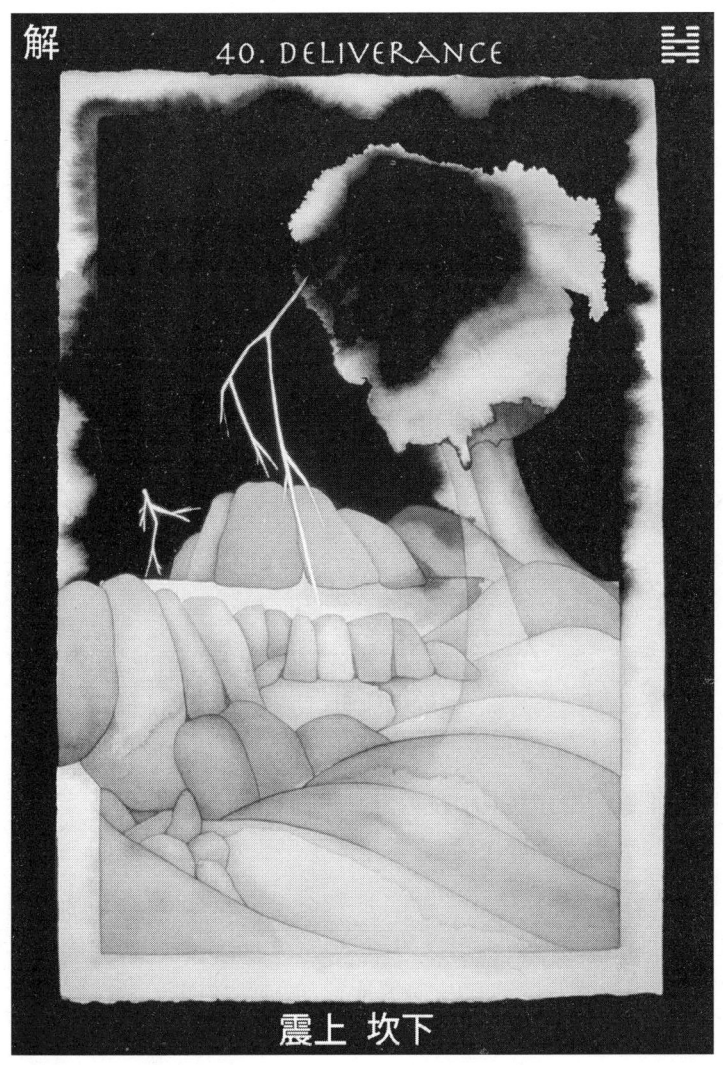

*艺术家的说明：

解，震上坎下。"插图描绘了雷雨。雨水解救着干旱的沙漠，使其从累积的压力中释放出来。"

四十、解（Deliverance）䷧ 震上坎下
雷水解

卦辞

"天地解而雷雨作，雷雨作而百果草木皆甲坼。解之时大矣哉！"

一股清新的感觉和崭新的机会随雷暴而至，或在极度的紧张和重大的挫折之后不期而至。暴风雨起到了清洁空气、突然降压的作用。这象征着即将会有某种释放。在陆地上的风暴之后，拯救可以体现为田野中的新的生命、鲜花绽放时的新鲜颜色等。在海上风暴之后，陆地的出现本身就是一种拯救的形式。

在人际关系上，宽恕的雨水可以在矛盾、敌对和错误之后冲刷人类社会。清晰的目标、新鲜的活力可以治愈过去的创伤。但一定要小心，不要因为动作太快而意外地伤到了那些旧伤疤。同样，在紧张的推进新的计划或项目后需要回归常态。

在解决困局之后，你的首要任务是尽快恢复正常状态。松一口气，但不要完全放松。在新的形势尚未稳定之时，再次唤醒刚刚对付过的那只熟睡的狗是错误的。向前看！注意需要处理的遗留问题，并尽快解决；扫除过去，谨慎地行动。原谅、忘记，继续前进，你的命运将会改善。

爻辞

初六：最近的障碍已被克服，现在无需多言。和平已经到来，所以休养生息，放松心情吧，这是安静下来的最佳时期。

九二：与你周围那些聪明和狡猾的人相比，你能享受成功是因为你的正直。也许是仔细考虑你选择为谁工作或与谁合作的时候了。根据客观的绩效标准，他们是否达标？与那些和你没有共同愿景或高标准的人一起工作时需要提防。坚持道德操守、提高工作能力会给事业、职业或关系的长期发展带来好运。

　　六三：在度过艰难岁月的时候，过去的残留不会马上消失。所以，在从努力奋斗、走向成功的过程中，不要把过去的包袱和旅途中的包袱一起拖着。注意避免装腔作势或炫耀新的好运。那些把钱穿在袖子上的人很快会发现口袋里没钱了！

　　九四：在停滞时期，简简单单就能形成良好关系。因为在这段时间里没有什么挑战，对朋友和同事的要求不高。但是，当需要采取重要行动的时候，只有能干和值得信赖的人才能够很好地发挥作用。把自己从低价值的随便关系中解脱出来，有意识的结识和交往才能出众的人带来好运。

　　在机遇和危机中，弱友不如强敌。

　　六五：释放负面影响需要内在的决心和性格的力量。摆脱掉依附于强者的弱者并不容易。摆脱不想要的或不必要的联系的唯一方法是先从内心舍弃他们，迟早，他们会看出这一点，并自我淡出。长期忍受不健康的关系和交往会带来不幸。

　　上六：当你的主要障碍是狡猾的对手时，强行从现场清除此人可能是唯一的选择。当采取如此严厉的措施时，行动必须迅速、准确。意外惊喜可能对你的成功有帮助，但只对那些真正需要了解的人才讨论你的计划。

　　优越的人拥有他或她需要的一切来完成必要的放手。(这可能也适用于坏习惯或糟糕情况，或任何为了确保你的成功而要求立即放弃的东西。)

*艺术家的说明:

　　损,艮上兑下。"在这幅图中,下面的湖正以微波的形象从山上退去。这象征着消退、减少,这是自然界的逐渐衰退。"

四十一、损（Decrease） 艮上兑下
山泽损

卦　辞

人生中的起起落落是很自然的。古人说：世间万物皆有自己的季节，任何事情都有一个恰当的时机。如同蓄水灌溉农田的水库，我们需要接受短暂的水位下降，包括地位的下降、情感的失落和物质财富的损失，为未来的上升做好准备。

虽然处身一个物欲横流的时代，放弃你的一些资产不仅不是丢人现眼之事，反而可能成为未来收益的一种投资——这种收益可能表现为更大的自由、更优的学习计划、更好的对自己人格的发展。另外，因需要承受意外的损失而激发的勇气可以增加我们的内在能力和洞察力，让损益重新平衡。减少物欲还会让我们返璞归真，好运也将随之降临。

在自然界，湖水蒸发形成云，云形成雨，雨水滋养森林。林木的繁茂又可以蓄涵更多的水，湖水得以增加。同样，一些资源的损失或生活中某个方面的减少，最终会在另一方面得到增长。失去一份工作意味着更多的空闲时间，更多的空闲时间可以产生更大的创造性，也带来了选择其他职业的机会。总之，某种损失可以解放我们的精神，充实我们的灵魂。塞翁失马焉知祸福！

看看年轻恋人能教给我们什么吧：即使一无所有，彼此的爱恋就能使他们的生活无比的充足、富裕。举手投足间，一些细微的动作，如果出于真诚，也会产生巨大的价值。保持信心，否极泰来。人生的一段低潮可能给你带来好运，尤其是你对任何可能性都保持开放的话。

不管此时损失了什么,不要沮丧、抗拒、懊悔,看到更大的图景,接受损益的循环。

爻 辞

初九:如果你想为那些不如你的人做些力所能及的事情,这没有错。但你也得当心,不要为他们承担太多的责任。不然,你会使他们丧失自尊,剥夺了他们通过自己努力来改变命运的机会。替他人担责的时候,要敏锐观察,小心行事,避免自以为是。同样地,在转败为胜的时候,一个成熟的人会考虑他或她能接受多少帮助而不让援助之人处于危险之中。这种周到的考虑使得给予和接受都变得轻松,而不必担心可能的损失。

九二:"弗损,益之。"为了给那些不幸的人提供真正的帮助,你不应该伤害你的尊严,这是非常重要的。为了一个更高的目标而过度地迁就,会削弱你的自尊心,从而让我们的表现以及我们对个人价值的感觉越来越差。这一切都有适得其反的作用。要真正帮助到他人,你一定要照顾好自己。

六三:"三人行,则损一人,一人行,则得其友。"如果三个人出去旅行,总有一个人会掉队。如果其中一人单独出行,第二个人会接着单独出行。最坚固的纽带和最深的关系一般发生在两个人之间。三个人之间的协议,无论初衷多么崇高,从来都不是稳定的。两个和尚抬水吃,三个和尚没水吃。此爻提醒我们结束那些无关紧要的关系。

六四:如果你的坏习惯和个人的缺点使你疏远了他人,只有一个解决方案,那就是努力改变。一旦人们改掉坏习惯,新的机会就会出现,填补此时的空缺。如果你让此事发生,好运会接踵而至。

六五:自然的好运就在眼前!现在你注定将行好运,你不需要畏惧什么。"损益盈虚,与时偕行。"享受它,养护它。心有善愿,天必从之。你有贵人相助。

上九:获得财富的方法多种多样,但最高的和最令人满意的方法是增加公共的善。对于极为成功、已经觉悟的人来说,他们财富的增加不会导致他人财富的减少。他们学会了通过为所有人增加财富而获得自己的进步,而不是通过狡猾的操纵来减少他人的所得,让他人比自己得到更少。"弗损,益之,大得志也。"这些人的繁荣预示着所有人的好运。

*艺术家的说明：

益，巽上震下。"为了展示'益'的形象，我使用了雷暴或飓风的初始阶段。上面的风把云刮得越来越高，变成大团大团的云块。中央的雷云像装满花果及谷穗以表示哺乳宙斯那丰饶的羊角,这即是'益'的象征。"

四十二、益(Increase) ䷩ 巽上震下
风雷益

卦　辞

"利有攸往，利涉大川。"只要你顺应潮流，把他人的利益放在心上，就会有令人振奋的实质性进步和持续性繁荣。就像涨水期河水湍急，激起了白沫，但汛期可能短暂，它推动个人到达激流的顶峰，此时的机会之浪也到达了巅峰。

在机遇接踵而至的情况下出任领导，需要估计到共事之人或者下属的需求。记住，去领导就是去服务，领导通过带来持续的繁荣而加强了自己的能力。一般说来，在一个普遍增长的时期，那些对共同利益做出最直接贡献的人才能获得最大、最持久的回报。

当上升的机会出现之时，那些行动迅速而勇敢的人、那些避免让其行为仅仅为自我谋利的人，才是真正的幸运儿。如果你渴望得到一个前景光明的职位，最持久的策略就是努力提高你整个社区、公司或相关人士的水位，而不是独自一人逆流而上，独善其身，达则应该兼济天下。

"凡益之道，与时偕行。"身逢盛世，容易发达。那些心胸宽广之人处于领导岗位，这便是最大的幸运。

爻　辞

初九："利用为大作，元吉，无咎。"当你撞上好运，要意识到好运之所以眷顾你，因为你提供了允许它进入的空间。好运最容易眷顾无私的人。当好运以新的财富、力量或能量的形式出现时，最佳的

选择是通过与他人分享你增值的部分来使之得到保存和增强,即"藏天下于天下"。这种分享可以是把你的部分时间奉献给更值得且无私的事业。

一个仅仅专注自我事务的人,其整个目的就是个人财富或权力的积累。从另一方面看,他很快就会成为自己欲望的囚徒,从而"丧己于物"。

六二:有时,突然降临的好运对它的接受者来说是一种不幸,如同一场灾难。当好运降临到你的生活中,让好运持续的最稳妥的方式就是增强你对美好事物的热爱。以真诚的愿望去行动,将你正直和忠诚的力量实现于外。当你忠于你更高的那个自我时,好运才会持续,小的障碍会被轻而易举的克服。

在这样的时候,如果你有一种本能的愿望去帮助他人,那就接受它。当你想做好事之时,不要害怕跟随你的内心。

六三:不可思议的是,在一个普遍增长的时期,即使一个误算或看似不幸的事件都有可能带来好运。如果用一个现代图像来描述,就像一个棒球运动员因受到内角球的愚弄而连续得分,当他试图摆脱被球击中时,球却碰巧撞到他的球棒上。有时好运是好上加好。当事情进展顺利时,你应当加紧准备,迅速挥动你的球棒。

六四:你可能被要求充当调解人。你需要小心的保持高度的可信度。无论何种情况,重要的都是保持公正和平衡感。如果你把让所有人受益当作你最优先的考虑,你的建议会被采纳,你会赢得尊重。无论做什么,当好运对你微笑之时,不要利用你的位置为自己谋利。

九五:善良的心不会提出要求,也不要求他人的承认。真诚的善意和体贴自然而然地流露出来。你会交上无上好运!

上九:此爻指某人因为滥用权力或对他人(特别是其下属)的需求麻木不仁,而使自己陷于孤立。贪婪或弄权会使人失去对时代的把握,因为观察时代大势,包括洞察正在发生的事情,都需要一个广阔的视野。交好运而又轻易失去,主要是认为一切理所当然,并滥用自己的优势。

*艺术家的说明：

夬，兑上乾下。"对于决心，我使用了湖泊的形象，或者是这种情况下的洪水，它刚刚开始穿过云层和天空进入大地。中心的滴血表示伴随突破而来的阵痛。"

四十三、夬(Determination) ䷪ 兑上乾下

卦　辞

一些决定会带来突破,但需辅以果断的行动。如果你勤勉地守住你的立场,防止消极的倾向和负面的影响,好事一定会占上风。

消极性的持续存在是人之常情。当你认为一些或大或小的罪恶已经被斩草除根,但当一个好的社会出现某些撕裂时,它其实还会卷土重来。俗话说,苍蝇不叮无缝蛋。邪恶不一定会采取特别放纵的形式,如纳粹德国曾经出现的那种令人发指的罪行。普通的谎言和欺骗随处可见,挥之不去,我们也应该费心根除。无论是在你的社会生活、职业生涯中,还是在你自己的灵魂深处,都要坚决抵制黑暗势力。为了取得成效,我们还得遵循一定的规则。

第一条规则:不要与堕落妥协。必须认识到何谓罪行和可耻的行为,并迅速地指出它们,使之昭然若揭。第二条规则:你很难用消极成功地抵制或击败消极。避开这种问题的性质而代之以更积极的措施比动用原始力量对付堕落更为成功和恰当。第三条规则:用来对付消极情绪的手段必须与你想要达到的结果一致。你不能通过传播谎言来阻止谎言的传播。

如果在一个情境中增加积极的因素,不利的因素会自动减少。这是起决定作用的唯一方法。随着时间的推移,能有效地控制消极性。需要提醒的是:在与他人分享你的优点和美德的同时,你要保持始终如一的自我意识。

爻 辞

初九：当你不能胜任某项任务时，勉强向前推进会招致错误和不幸。在开始一项新的行动之前，仔细地评估你的力量。只有当你能够十拿九稳之时，你方可冒此风险。一开始就贸然行事可不是高明的做法，因为此时意想不到的挫折可能产生灾难性的后果。提防没有根基的自信！

九二：为了成功，请把敏锐、周全的准备和谨慎包含在你的决心之中。对意想不到的事要有思想准备，带着平静的警觉去享受好的生活，如同在夜间开车穿越山林行进在山路上，需要密切注意路上随时出现的新的弯道。乐观而又小心，坚强的个性终会胜利。

九三：此爻指的是某人陷入了迷茫，现有的关系卷入了与消极力量的斗争之中。在这种情形下，他人质疑你的动机，即使结果可能玷污你的声誉，你可能还是需要动用权威来扭转时局。但是，如果你自己保持着纯洁的动机，即使遇到了破坏性的影响，最终也会让你免于责备。

九四：一个固执己见又不安分守己的人会遭遇到不幸。对抗敌对力量时不听取好的建议必然导致失败。

九五：在高层根除堕落是困难的，持续而坚定的努力方能产生预期的效果。拔出的野草还会再生，堕落还会再现，即使最初根除堕落的努力似乎已见成效，随着时间的推移，只有坚持不懈地努力才能克服根深蒂固的消极力量。

上六：此爻的形象是一个似乎走出了逆境，准备重新开始的人。但要注意，消极的种子不会死去，松懈会让破坏性的力量重新抬头。准备新的土壤时需要彻底，过去遗留的问题才找不到重新发芽的机会。在解决了老问题而开始一个新项目之时，要小心的留意你个性中的破坏性倾向，在一开始就将之克服或消除。

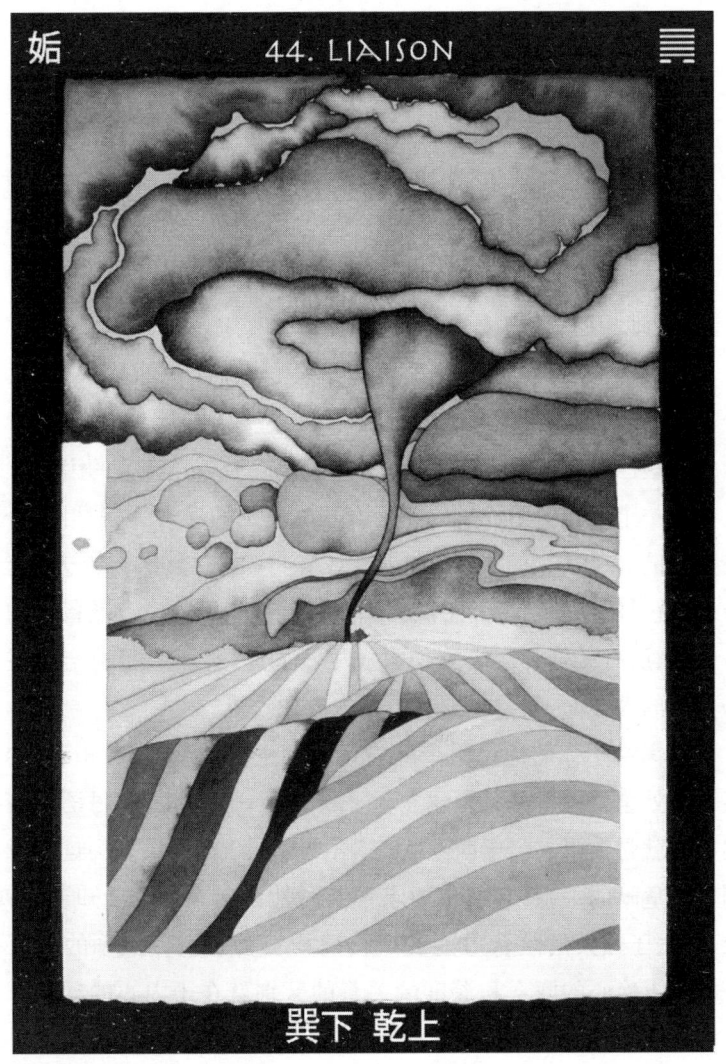

*艺术家的说明：

姤，下巽上乾。"为了表达此卦卦象，我这里使用的现象是气旋，在其途中它会直接通向所有的路径。在这里，它逼近远远近近的大地。这种强势的相遇，让人无法逃离。"

四十四、姤(Liaison) 下巽上乾
天风姤

卦 辞

"天地相遇,品物咸章也。"

吸引力很强,但这种关系可能不会长久。当不同力量聚集一处,这些力量可能不是它看起来的样子。一个看似无害却暗含着危险的因素已经引起了人们的注意,并正在成为更强有力的因素。其形象是一个大胆但不成熟的年轻女孩施展她的魅力,以获得一个强势男人的影响力。那男人玩弄她,以为这样不会伤害男人自己。哈,这就是所谓的最后的想法!当权力转移到那些没有准备好的人手中时,所有派别都会受到伤害。尽管如此,你不必害怕与那些立场不同的人会面,只要你没有不可告人的动机。

警惕由于你的地位附带的力量而产生的诱惑,或者相反,你与某个身处重要位置的某人建立起了联系。一般来说,对付诱惑最好的方法就是消弭它们于萌芽状态,不要待它开花结果。一旦你意识到一种危险的关系,它通常要求你及时地说出来。也要知道,有时候,屈服于强大的结合可能变成构建积极和建设性关系的大好机会。漫不经心的联系和深度的关系的区别就在于内心的动机。你有多真诚?

爻 辞

初六:一旦一个劣质的分子破坏了聚会,会分散我们的注意力。在社交场合,一个粗心的人可以破坏很多人的生活,这样的不速之

客也可能有许多疏远的关系。勿以善小而不为,弱势势力的入侵,也可能表现为一种微小的、不健康的愿望,如果不及时加以制止,就会成为一种破坏性的迷恋。

九二:在这里,劣势通过温和的手段得到控制。如果你能支撑下来,兴许会有好运。如果形象地表达,就像病毒性传染病,遏制它是通过检疫而不是通过大规模的疫苗接种,以及其他更积极的措施。

九三:你有受到自己弱点影响的危险,但环境会暂时阻止它。尽管你可能沉溺于确定的小欲望,满足于小确幸,但不要这样——至少现在不要。在这种情况下的优柔寡断,长远看来,如果它能增加洞察力,能促进适当的行动,也许会有一定的正面作用。

九四:背叛下属或谦逊的人是不明智的,将来某个时候你可能需要他们的支持。当影响不大的人有好的意图时,最好让他们站在你这边,尤其是需要他们支持的时候,表面上不重要的人最终会变得有意义。小心你自己的自我。

九五:个性更强的人往往能找到一种方法来控制较弱的人,甚至看起来像没有采取任何行动。但是你不需要把注意力放在你的性格上,简单地顺其自然,这是巧妙的领导,是真正有力量的标志。

上九:那些静静地坐在山顶上的人会发现城市的喧嚣几乎无法忍受。在平静的隐居生活后,重新活跃在俗世舞台,仅仅这样的建议都让人厌恶。尽管如此,继续让自己远离日常的关注或活动还是会让你受到批评和指责。如果你觉得需要远离尘嚣,就不要让他人的看法烦扰你,当你的工作完成时,时间属于你自己。如果需要的话,过一种安静的生活。在制定自己的日程时,你可以忽略他人的期望。

*艺术家的说明:

萃,坤下兑上。"几条瀑布汇聚到同一个湖泊。我用晨曦的颜色来表示一种开始的感觉。在这幅画里,看起来很自然的在形成团体,就好像这就是团聚的最佳之地。"

四十五、萃（Gathering Together） 坤下兑上
泽地萃

卦 辞

"萃,聚也。"聚会的力量是以团结一致来表现的。在聚会中,每一个人的力量都被团队的集体力量所放大。历史已经证明,群众运动可以是实现更好的目标所需要的稳定、有序和持久的条件。此卦预示对大型团体性活动或事件可能是一个好的时机,共同愿景的引导力对于团结一致、统一力量、让人们朝着一个共同目标前进至关重要。

另一幅图像是湖泊或盆地积满了水。湖水的充盈能给湖周的一切带来好运,但它也会泛滥,导致灾难。当众人汇聚一起时,必须要考虑到不可预见的危险并防患于未然,同时努力沿着清晰的路线增进共同的利益。人类的诸多不幸都来自于我们没有为突发事件做好准备。当我们和其他人聚集起来时,我们会更强大,即便在某些方面我们也显得更脆弱。

聚集起来的任何时间都可能成为潜藏着巨大力量的时刻,它既可以是积极的,也可以是消极的。当人群为了一个共同的目的聚集在一起的时候,一切都被放大了。当许多人因一个目标或美好的愿景而聚集起来时,明智的做法是,个人采取预防措施,保护好你自己合理的利益,因为这些利益很容易在人群的混战中丢失。

爻 辞

初六:现在,团队应该认识到需要明确的方向和强有力的领导,

找到合适的领导会带来好运。合适的人选应该是潜在力量和目标的中心,他其实已经在人群之中了。我们应该走近这样一位有天赋的人,邀请他担任领导职务。只要把选对合适的人这个首务完成好,其他的一般困难都会迎刃而解。

六二:大众一旦聚集起来,表象之下会有一种秘密的力量起作用。要想理解这种强大的、磁性般的力量,最佳的方式就是追问:是什么东西把众人吸引到了一起?在决定追随之前,最好先了解答案。个人倒并不非得要有一个宏伟的蓝图才愿意聚集,那些追随者们之间凭直觉就能互相理解,任何真诚的承诺就足以让他们聚集。

即便是顺从着大众那磁场的吸引,如果追随者知道领导的仁慈,那也是必要的,是一件好事。在这种情况下,遇见新的人、发展新的关系时通常带有的"见人只说三分话,不可全抛一片心"的防范意识就会解除。

六三:你是一个局外人,却期望融入一个群体,第一步就是使自己与群体的领导建立联系。刚开始时,会感觉尴尬或羞辱,即使这样,还是应主动行动,迈出第一步。发展与领导者的关系在战略上是必需的,要直接采取行动以达成目标。

九四:当你担任一个临时的或下级领导的角色时,你是在为一个更有资格的领导提供服务,你会得到特别的好运。能有尊严地扮演好这样的角色是成熟和稳重的象征,预示着你有好的前程,能让您谨慎的扮演你的角色,赢得尊重。

九五:当人们因为对他或她有信心而团结一致时,这是绝佳的结合。如果他们仅仅因为领导的权势和影响力而团结在他周围,日后难免后悔。当他人向你寻求指导和方向时,这是一个难得的机会,让你将个人的进步与对公众福祉的贡献结合起来。

要意识到他们并没有被你的能力所吸引,而是认为在权力方面你有潜力超越他人。这种谄媚是令人遗憾的,得加倍小心。获得人们信任的唯一可持续的方法就是加强自己、完善自己,让自己的表现越来越出色。这样,你会放弃小范围的影响力,从长远来看会取得更大的进步。

上六:当一个人对他者的好意被拒绝之时,自然会悲伤和悔恨。表达你真实的感受,也许能让他人体会他们自己的感受,最终会带来好运。当然,也有可能不会,那也无妨做些尝试。

*艺术家的说明：

升，巽下坤上。"在这个卦里，风是推动生长着的植物向上生长和成熟的力量。正如植物的生长一样，向上推进是一个渐进的过程，如果不受阻，就会开出美丽的花朵。尽管这里有障碍，如石头和粗糙的斑块，但潜藏的即将开出的美丽花朵已经若隐若现了。"

四十六、升(Pushing Upward) 巽下坤上
地风升

卦　辞

新芽破土而出，万物在春天里生长繁衍，代表着大自然的万象更新。这里的重点是向上的运动。万物的生长之所以得以保证，是因为它对环境的适应而减少了障碍，万物得以从朦胧模糊成长到能反作用于周围的环境。稳定而灵活的生长是植物节节向上的关键属性。此卦表明你有一段晋升和繁荣的时期。

明智之人顺天应人，与命偕行，他们敏锐而笃定。诚挚地付出，坚定地反对惯性的力量，绕过障碍，好运就会降临。保持宽容和灵活，你才能保持敏锐和纯真，这是最有利于成长和进步的。意志力和自制力是正确管理成长所必需的，但内在的热情是驱使它成长的动力。

爻　辞

初六：满怀信心地不断前进将带来好运。正如树木从根部汲取能量，只要态度端正，即使是细微的开端也能作为取得伟大成就的根基。尽管新的运动有时伴有忧伤，当你放弃过去的舒适，充满活力地去冒险创造未来时，没有遗憾。

九二：你也许只拥有有限的资源，但如果你是真诚的，你的努力将得到认可。此爻表明，事情正在通向进步和成功，其原因是性格的内在力量而不是物质上占有的优势。

九三：阻挡你道路的障碍可能正在消失。要么，是一个简易的

方法向你招手示意;要么,是你已经成功地找到了阻力最小的路径。你很可能会实现你的近期目标,但除了立竿见影的成功,不能承诺你持续行好运。没关系,太多的保证只会消耗你的精力。应该对现在的成功感到高兴,并朝着积极的向上的方向前进。

六四:当实现了崇高的目标时,对神对人都算大功告成了。在得到特别认可的时候,应努力使自己的影响持久长存。实现自己的目标且能产生持久的积极影响,没有什么比这更幸运的事情了。记住,欺骗会很快露出马脚,诚实却被永远传颂。

六五:当达到一定程度的成功之后,我们又会有新的目标,需要保持冷静。在人生道路上,一步一个脚印往前走,这是非常重要的。在一段长途旅程结束后,一个巨大的诱惑就是不假思索的跨越,希望尽早得到终点的报偿。因为刚刚得到了首次的小小奖励,感觉非常良好。把注意力集中在仍在进行的工作中,做好眼下的事情,回报会自然到来。这样的良性循环会带来更大的进步,增加我们的好运。

上六:那些为了更大的名声、更多的财富、更高的权力而盲目攫取的人是在自欺欺人。由于近期的成功,你也许可以想象你会继续前进,永不后退。但这种贪得无厌的野心会让人精疲力竭、穷于奔命。你现在之所是与你将要是之间最短的距离可能不是直线的,更多的时候是蜿蜒的小路,学会欣赏路上的风景吧!

*艺术家的说明:

困,坎下兑上。"虽然上下两卦都与水有关,都是某种样态的水,这里的想法是,一切都在干涸着,唯一可以看到的东西就是荒凉。天空阴沉,却没有下雨。这片土地已经不堪重负。"

四十七、困（Oppression） ☱ 坎下兑上
泽水困

卦　辞

在干涸的湖床上，食腐动物乌鸦在海岸边潜行追踪。这是一个困窘的形象。艰难时世会消磨我们的意志，产生无数让人烦恼的焦虑，如同那囧途中的乌鸦。重大的损失或个人的失败会击垮弱者，但坚强的心灵不会屈服于命运。克服艰难，甚至从中受益，逆境促逼着你深入到你灵魂最深处去认识自己，这个自我比命定的自我更为坚强，再艰难的现实也不能使之动摇和改变。困难时期需要打开人类耐力的水龙头——那就是看到希望。

从某种意义上说，根本没有失败这回事，有的只是人生中的各种酸甜苦辣。痛苦通常比甜蜜教给我们的东西更多。对于我们的失败，如此的一败涂地，以至于完全无法接受，但可以让我们睁开眼睛，重新唤醒清晰的视觉，而这种视角仅仅属于那些经历过冒险、品尝过绝望的人。这种清晰和教训就像乌云周围的白光，那就是一线希望。

当你处于艰难时世的阵痛之中，重要的是在内心保持坚强，而外露静谧的愉悦。避免过多的唠叨，除非是你最亲密的朋友。你的述说对大多数人不会产生影响，因为你的影响力也处于低谷阶段。漫无目的地述说会消耗你的精力。在逆境中面对公众时，坚强的沉默是最高明的姿态；它表明你的内在力量足以承受当前的困难，意味着你将会彻底恢复元气。同时，与你信任的人沟通也是很重要的。当灾难降临时，会心交流和感同身受是疗愈的一部分。

失败，现代社会最后的禁忌，对于那些敢于面对生活的所有方

面,完整地体会生活的人来说,是不可避免的人生大起大落的一部分。永不失败是最大的失败。总想避免一切风险,你将与可能发生的事情失之交臂。

爻　辞

初六:无论面对多么艰巨的挑战,忧郁或哀伤都只会让事情感觉更糟。先努力在内心将其克服,并致力于向前迈进,不要丧失信心,进步仍然是可能的。在杀死不幸的龙之前,先赶走顾影自怜的幽灵。

九二:这种情况是不是有些熟悉？表面上,事物看起来很好,但内心却感到压抑、沉重和沉闷？在这种时候,帮助往往突然地、不经意地出现,奇迹般地从天而降。即使得到这样的帮助,问题可能仍然存在,但是让你的思想陷入困境的锚,无论这个锚是实际存在的还是幻想出来的——正在被解除。在这样的时刻,个人的努力将有助于抚平生活中的创伤,也有强大的新能量来助你一臂之力。当你发现自己陷入困境时,搭个便车到更高的地方,抓住任何能带你到那里的机会,勇往直前,不要回头。

六三:逆境中的优柔寡断只会带来更多的不幸。可以用这种形象来形容,为了应付一个与伴侣关系进退两难的困境,一个男人外出散步。由于未能从内心里解决问题,他变得越来越沮丧。他遇到一棵树,认为树长在这个位置而惹恼了他,在挫折的折磨下他踢那棵树,甚至踢伤了自己的脚趾。然后他坐下来检查他的脚趾,结果发现他自己坐在针毡上。他愤怒地尖叫,跑回家里,却发现他的伴侣已经离他而去。有什么好建议能帮到一个自己是自己的最大敌人的人呢？

九四:在帮助他人方面取得进步仍然是可能的,但由于某种障碍,似乎你自己才是需要帮助的人。这可能会让你感到尴尬,但别担心，事情会过去的。在不幸的时候，只要你保持个人尊严，你就可以在你能得到帮助的地方接受帮助。另一方面，如果有人需要你的慈善救助，现在可能是施以援手的好时机。最后，由于性格的力量与所期望的结果的最终价值相比，障碍算不了什么。

九五：当你发现你最好的想法和善良的意愿被官僚们的繁文缛节窒息之时，你唯一的行动可能是耐心地忍受。小不忍则乱大谋。暂且把你的努力看作是对效率之神的献祭吧。

上六：前途突然变得光明起来。约束你的东西现在已被挣脱，近期的麻烦正在结束。允许自己向前走，甚至可以找点乐子，再也不必过于谨慎了。在这一点上，你的问题可能没有那么严重。一旦你抓住了可能性，采取积极的态度，并下定决心，你将掌控局面，收获回报。

48. THE WELL

坤上 巽下

* 艺术家的说明:

井,坤上巽下。"在这个卦里,井被描述为一个可以信赖的源泉,即使它周围的环境可能会发生变化。我在一片废墟上画了一口井,想说明井的周边环境已经改变,但井依然在那里让人们受益。下面的风只是一种暗指,也许是一股能把石头棱角磨平的力量。"

四十八、井(The Well) ䷯ 坤上巽下
风水井

卦　辞

在世界上所有的文化中,井一直是维持生命的象征。它为生命提供取之不尽、用之不竭的滋养。

和井一样,人性在世界上也基本上大同小异。时间的流逝水不加益,崖也不加损。不为顷久推移,不以多少进退。不过,正如井挖得越深出来的水就更清澈一样,我们也可以通过深入到我们的内心世界来丰富我们的生活,深思我们的本质,直达精神营养的真正本源。

小心浅薄的思想。如果浅尝辄止,这是危险的。井的卦象表明,进一步的深挖才能引出更清澈的水。要有耐心,尽可能深入地钻研你的问题,深入洞察自己的本性。自我的成长是抵达清水之源的关键。如果你不把水桶投放到更深处,可能就是竹篮打水一场空。记住:当寻求深度时,需要降低正常操作的速度。在满足需求的过程中,肤浅的粗心大意会弄巧成拙,甚至带来危险。

爻　辞

初六:饮用浊井的水可能让人生病。当琐事或幻象缠身时,头脑容易混淆。探测源头,过充实的生活,深深地投入其中——但不要一下子就一头扎进去。蛮干是浪费时间。

九二:水井里的水是清澈的,但没有被使用过。此爻说明一个拥有某种天赋的人被忽略了。如果你本人都忽视了自己最好的方

面,他人也会开始忽视你。在这样的时刻,即使没有具体的坏运气,也没有什么重大的事情可以完成。

九三:井是干净的,但没有被使用,这是一种遗憾。像一口弃井,你的能力还没有被认识到。这对自己是屈才,对他人是损失。如果一个位高权重之人(这可以映射你自己最高、最好的部分)认识到你的能力,那么你就可以改变方向,并带来巨大的好运。

六四:井壁正在维修,四周都是石头,现在不是放下水桶的时候。磨刀不误砍柴工,生活中有些时候可以把整理细节放在优先位置,做好准备工作,为未来节省大量摸索的时间。在这个时候,重要的是在小事情上学会自律,将来你就可以从现在的自我完善中获益。

九五:"井洌,寒泉食。"这口井水清澈、甘凉,代表像泉水一样清澈的善良而诚实的品性。此爻指向利润、进步和成功。此时井水还没有提上来,所以其潜力还没有完全实现。仅仅能得到一口好井是不够的,要具有真正的价值,你必须能够饮用,换句话说,你必须走自己的路,你只能通过实际经验来获得知识。

上六:你毫无阻碍地从井里抽水,这是因为你已经产生了信赖感。你将行大运,因为你拥有成功所必需的品质。就像一口充盈着新鲜水的井,你的开放和慷慨让每个人受益,包括你自己。

*艺术家的说明：

革，兑上离下。"这幅画展示的是清晨的场景，因为革命意味着黎明或新的开始。岸边的岩石像军人，好像哨兵们正在观看出现在湖面上的革命之火。"

四十九、革（Revolution） ䷰ 兑上离下
泽火革

卦　辞

此卦是火在泽下。火使水蒸发，水使火熄灭。同样，变革往往引起冲突，冲突又会带来变革。此卦指人类的周期性事务。事情正在起变化，已经出现剧变的征兆。

为了取得成功，变革必须配合自然的节律以及良好的时机。它必须在恰当的时候开始，赢得广大人群的支持，有真诚和能干的领导，最重要的是必须有真正的需求。变革力量的强度总是与需求的急切程度成正比。政界、商界、教育界、个人事务中的变革都是如此。

社会一旦失序就是根本性变革发生之时。我们应该知道，不是所有的秩序都是好的，也不是所有的混乱都是坏的。混沌通常是事物发展中的必然组成部分，所有的父母和科学的进步都能够证实这一点。此卦提醒我们要有勇气去彻底改变和更新我们的生活方式，这样才能在事业中理清混乱，让其以善的方式释放出新的能量。如果是进行谈判，就会改变规则；如果是谱写一首乐曲，就会加上意想不到的东西；如果向爱人求爱，就要敢于标新立异。

黑暗与光明是交替出现的。人们可以认识这些周期，并事先做好准备以好好利用这些周期。在旱季，狂风暴雨就比晴天丽日好。新的季节即将来临。

爻　辞

初九：在一个大变革时代的初期，没有必要太过匆忙。你可以

稍微克制一下,此爻暗示了时机尚未完全成熟。事情才刚刚有个雏形,我们永远也不知道其最终形式究竟如何。在伟大的变革中,第一拨领袖通常会被杀死,第二拨才会被容忍。过早行动会导致不幸。

六二:诚实地尝试改良,这种努力通常会被证明是徒劳的,革命性的变革势在必行。在尝试进行彻底的改变之前,花点时间观想一下你希望达到的结果。只有清楚地认识到预期目标的性质,才能实现目标。

九三:此时采取行动可能带来负面的结果。即使改变已经变得势在必行、箭在弦上,匆忙或者鲁莽地推进都不是高明之举,可能招致灾难。过犹不及,即使不是每一个要求改变现有秩序的行为都应受到足够的重视,但过度的犹豫又会犯下另外的错误,这也是不可取的。反复出现且有充分根据的抱怨应该被倾听,应该彻底的检查和思考当前的形势。把握时机极为重要,不要误入歧途。

九四:彻底的改变需要适度的权威,这个权威应该有无私的动机、开阔的视野、成熟的观点。要特别警惕小家子气和狭隘的思维。这里的形象是一个需要改变某些价值观的机构,强调正义而不是虚伪。此爻暗含着好运、晋升和成功,尤其是当你处于相对卑微的地位或过着平静的生活之时。

九五:命运偏爱勇敢和坚强的心。去吧,还得做些必要的改变。你知道该做什么。不要把精力花在客套上,不要求神问卜,不要给家里打电话征求意见,该做就做吧! 不要害怕,你会成功的。

上六:一个主要目标正在实现,只需要做些微调了。虽然你可能看到变化中还存在一些不足,但不要因为追求完美而压抑自己,尽量在可能性中找到满足感。知足常乐,最幸福的人是渴望得到自己已经拥有的东西的人。

*艺术家的说明：

鼎，下巽上离。"古典的鼎上面有火，下面是给鼎加热的燃料；风使火焰更旺。"

五十、鼎（The Cauldron） 下巽上离
火风鼎

卦　辞

鼎象征滋养生命和保持活力。善有善报,好事迟早会降临到那些做好事的人身上;欢乐会降临到那些带给人幽默的人身上;机会会降临到那些坚持自己梦想的人身上。恢复活力是向自己的自然欲望回归,是在实现愿望的过程中为电池重新充电。此卦暗示怀有善良意志之人的生命得到了滋养,生命气质发生了转化,预示巨大的好运和成功。

健康的、日常的养护是非常重要的。此卦用烹饪锅作为象征,是它能为所有人提供营养。当人类循环至顶点之时,对每个人的养护应该是这样一种形式,即满足他或她最深层的需求和愿望。

恢复活力意味着受人尊敬的男人和有天赋的女人得到了适当的滋养、受到了尊重。在一个正常运转的社会,人们会支持和鼓励这样的人将他们的能力发挥到极致。此卦隐含着对旧习惯的新认识,为旧的形式注入新的生命。只有有了强大的生命力,才能取得真正的突破。

爻　辞

初六:如果你德才兼备,你会成功的,即使你现在处于卑微的地位。让自己摆脱诸如傲慢或过度关注金钱之类的低级品质,对他人敞开胸怀,即使他们暴露出最坏的一面时,你还是能从他们那里学到点什么。如果悲哀或忧伤是你最近生活的一部分,那就用流淌在

此情此景中深层的情感来滋养你的灵魂,使你的视野更为清晰。

九二:你有信心,也许能在不久的将来获得某种形式的繁荣。同时,你可能会在这个过程中感受到他人的嫉妒和不信任,但这就是他们的问题。这是属于你的时刻,是你去成就某事的时刻。现在没有真正的危险,把你的注意力放在眼前的挑战和机遇上。

九三:你的进步受到了阻碍。资源正在被浪费,也许你的才能没有被认可。但是,如果你以良好的态度对待困难,挑战就会被克服。当然,你可能会遇到一些障碍,甚至是一些损失,但是最终好运会降临到那些性格坚强的人身上。

九四:仅仅拥有好的性格、资源或助手来应对你面前的挑战是不够的。他们要么没有受过充分的训练,要么没有为这项任务做好准备,或者就是没有全心全意地去做某事。天赋或资源的缺乏,再加上计划如此大型,可能招致灾难。

六五:谦虚的人可以找到帮助,如果他们的谦卑与真正的能力相结合。具有天赋、性格又温和的人会交上好运。继续保持谦虚的态度是目前最有效的方式。

上九:圣人将意义深远的忠告传达给了值得培养的弟子。对智慧保持开放,它就像风一样真实(即使不知风从哪里来)。好运源于开阔的心胸和对事物的接受能力,一切都将顺利。

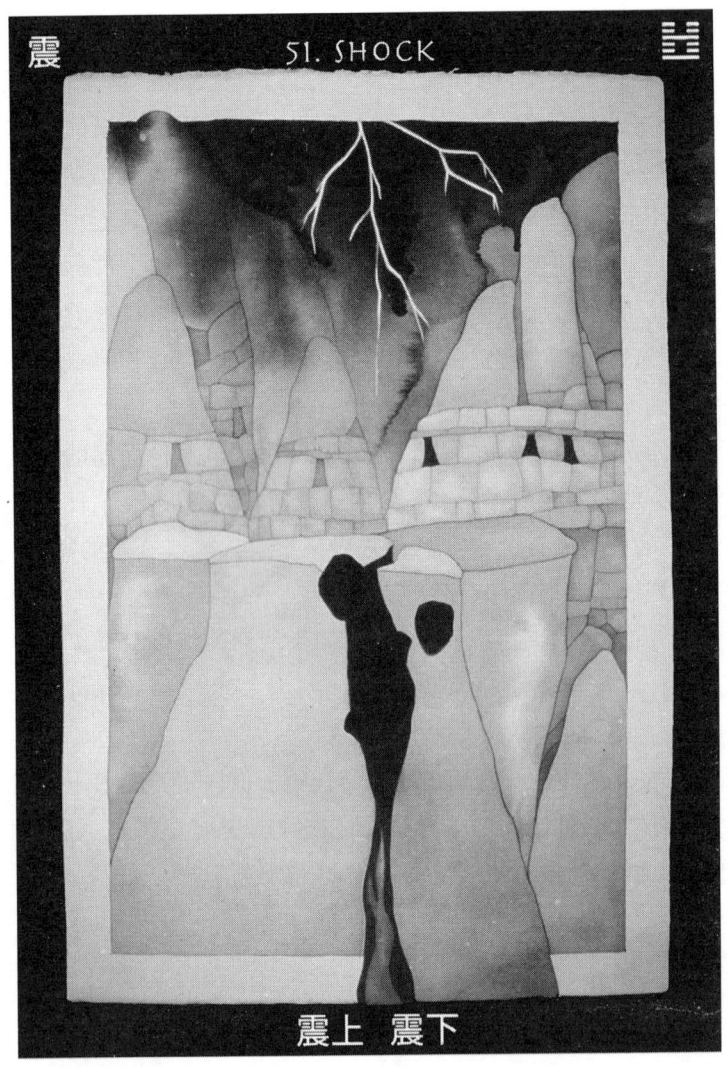

*艺术家的说明：

震，震上震下。"在此卦里，艺术家不仅要展示地震、闪电和雷鸣等自然现象，而且还要展示这些现象对我们改变环境的企图产生的影响。上下的结构都受到了震动，将会永远被改变。"

五十一、震（Shock） ☳☳ 震上震下
震为雷

卦　辞

意外地听到一声惊雷，首先产生的是恐惧，接下来就会使我们目光锐利。回忆起了有惊无险的一幕幕场景：一株倒下的树干，一场几乎无法避免的车祸，一次从暴力冲突中的逃离。这样的事件刺激了你身体的每一根神经，也许会引发短暂的惊惧，但很快，一旦危险过去，最初的反应就会让位于意识的提高。其他类型的震惊也会引发同样的过程——失去工作、爱人去世、生意失败等等。

一次重大冲击的持久影响可以增强或削弱，这取决于你的性格力量。关键是你对恐惧产生了免疫的能力，促使你将焦虑转化为敏锐的感知。这种震惊有积极的一面。

当被危机压倒时，为了勇敢地面对这个世界，智者转向内心，寻找自己内在的力量。勇气意味着敢于走独辟的蹊径，在失败之后迅速恢复，或在面临巨大损失甚至死亡时依然相信生活的意义。

我们往往容易将震惊与令人不愉快的事情相联系。通过释放来自意外成功的紧张，我们也可以受到震动。在遭受创伤或胜利的余震中依然保持你的方向，关键是让你的内在罗盘与磁力保持协调，这种磁力引导你去实现你最深层的欲望和最高的命运安排。所以，准备好让自己吃惊地跨出一大步。稍微冥想一下，集中注意力，无论是收益还是损失，都平静地接受，这可能会帮助你妥善处理对你系统造成的冲击。

爻　辞

初九:此卦初爻预示着一次看似不幸的突变之后将有好运降临。在危机时刻,如果我们对所有可能性保持开放,结果会出其不意的好。

六二:当混乱的事件剥夺了你理所应得的东西时,风暴还在肆虐的时候与之较劲毫无用处。现在就退回到山顶,占据高地。最终,风暴过后,这个策略将使你毫无争议地收复失地。另一方面,面对不可控制的力量,当其力量还在顶峰时,与之对抗只会带来更多的不幸和损失。

六三:意想不到的变化带来的冲击几乎可以让人瘫痪。值此之时,你的注意力很容易分散。现在不是退缩以袖手旁观事物进展的时候,需要集中注意力,从小细节开始,逐步的全面恢复常态。习惯和正常生活的恢复可以起到保护的作用,防止外部不幸伤及你的灵魂。如果你安然接受矛盾重重的处境来激励你恢复你的注意力,你将摆脱可能的不良影响。这不失为一个好办法。

九四:灵活的头脑避开湍流般变换的命运,就像一个斗牛士在恰当的时机选择远离兽性发作的斗牛一样。当然,即使是敏捷的头脑有时也会陷入混乱或不和谐的环境中。当你陷入困境时,你就成了命运之角的目标。如果你有一个明确的问题,你可以为此采取点行动。但现在,不要强行妄作,守住你的智慧。

六五:此爻预示了一系列的反复震荡。要避免危险,你需要保持平静,停在风暴的中心,而不是冲向其极端的边缘。画蛇添足的任何行动都只会增加伤害的危险,尽最大努力保持安静。

上六:当令人震惊的事件达到顶峰时,会模糊我们的视线。在这样的情况下,明智的做法是准备长时的撤退以赢得时间,来制定有连贯性的策略。只有在你撤退得很及时,你的视线没有被扰乱之前,才能做到这一点。朋友和同事可能不理解你行动的原因,他们可能会在背后议论你,但没有一个好的将军是在骑上马的瞬间就已经有了好的策略。

有时撤退到帐篷里需要比你在前线执行任务时更多的力量、勇气和智慧。

52. KEEPING STILL

艮下艮上

*艺术家的说明:

艮,艮下艮上。"两座山肩并肩地休息,既不互相施压,也不鼓励另一座山的移动。描画的两座冰山保持着静止;一切都冻结了,一动不动。它们平静而安宁。"

五十二、艮（Keeping Still） 艮下艮上
艮为山

卦　辞

定期的休息是个人发展和进步的重要方面。最放松的人倒不一定每天都睡 12 小时，而是知道如何在 35000 英尺、每小时 600 英里的巡航中抓住时机打盹的人。学会该做事时就做事，该清静时就清静，这是获得心灵安宁的关键，它能帮助你在需要清晰的焦点时保持注意力的集中。

想想我们的脊柱，它是调节身体运动的所有神经的交换台。当脊柱通过适当的休息和放松而保持灵活和健康的时候，积极的运动可以在没有压力的情况下进行。在保持平衡的坐姿时脊柱能够挺直，才会产生冥想期间的内在平衡。

对待你的生命就像对待风中的蜡烛，好好呵护它，如同呵护无月之夜那黑暗的森林里唯一的亮光。一定要尽力避开试图扑灭这宝贵火焰的外部威胁，当心不要因你的野心或忧虑而窒息它。

时间到了，放松，脱鞋，坐一会儿。丢弃杂思，仅仅冥想存在本身。

爻　辞

初六：在一项重大事业的初始阶段，暂停一下，休憩会儿，三思而后行，这是储备能量的方式。在开始冒险之前花点时间画出你的路线图，才能保护好最佳时机并带来好运。在这个时间点上，几乎不会犯什么错误，那种居心叵测的动机尚未污染我们纯洁的内心。

保持安定、坚持隐忍，你会建立起牢固的根基。

六二：如果你发现自己被一个误入歧途的人引导着，把他们交给他们自己的命运吧，否则你很可能和他们一起迷失方向。当无路可走时，放慢脚步。在这种情况下，停下来，在路边坐坐，才会带来好运。

九三：试图通过强制而刻板的放松来让自己休息，就像指望电脑写诗一样。根本的矛盾使这种努力一无所获。当你疲劳时，良好的睡眠比严格的冥想更能让人恢复活力。

六四：放下每天的日常事务有助于深层的休息，虽然有时最容易的放手其实是先满足自我的小小欲望（如果它们有益无害的话）。那些从容应对自己的事务，顺应自然、随和应世的人是最自由的。让你的心在平静中休息，这是生命过程应有的内容，它将帮助你远离错误。一个更深层和更令人满意的意识水平等待着那些能够让自己在需要时保持平静的人。

六五：无聊或愚蠢的谈论问题会使事情变得更糟。如果你缺乏内心的平静，你的言语将反映出恐惧、怀疑、欲望、急躁和其他不安的力量，这会给你带来一些微妙的伤害。例如，如果在度假时你不断地唠叨关于旅行的困难，他人可能离开你，从而错过了美好的时光，错过你在出发地就想寻找的新的旅友。此外，你可能会无意中说出让他人利用你的事情，特别是当你发现自己在很基本的需求上都要依赖他人的时候。如果你让自己在该沉默的时候保持沉默，当你需要说话时，你的话才能带来更大的力量，不致产生事后发现说错话的悔恨。

上九：此爻指在混乱的世界中保持静止和镇静的能力，这是一项崇高的成就。当你能够积极地接受生活中的一切，还会有什么危害呢？和平与好运在等待你。

53. A STEADY PACE

巽上 艮下

*艺术家的说明：

渐，巽上艮下。"此卦给人的感觉是朝向更高的目标行进，如同在攀爬一座山或一棵树。我试着把攀登描绘成在险峻而陡峭的路上缓慢攀爬，伴有一颗快到山巅时似乎会逃之夭夭的树。"

五十三、渐（A Steady Pace） 巽上艮下 风山渐

卦 辞

就像一片古老的森林，在那里，光线、纹理和阴影的微妙作用经过了好多世纪几英寸几英寸的日积月累。慢工出细活，价值持久的东西总是以自己的节奏缓慢地发展。从经验中学习，这种能力是人类最宝贵的财富之一，带来不断的、非常缓慢的进步。内在的平静辅以外在的果断是这个过程中的精髓。好东西能迅速发芽，但真正令人愉快的事情却要花更长的时间，就像山坡上长出的那棵美丽的树。

循序渐进的发展原则也适用于人际关系。对于爱情、婚姻和其他长期的伴侣关系，最好的进展应该是缓慢而稳定的，要足够地慢，使人与人之间的结合能够恰到好处地交织；要足够地平稳，以确保正确的方向；要深深地扎根，才会享有参天大树的尊严。而且，由于它的根深入到大地的深处，所以不容易倒塌。稳步地发展你的深层的气质才能有可持续的长期进步。

你不能指望什么都一蹴而就，发展必须能够自由地走它自己的路径。事情既不能被仓促地推动，也不能被操纵，而应该允许它在它自己自然的时间里展开。这样，你将实现和享受长久的关系和成功的事业。

爻 辞

初六：此爻的形象是一个独自出发的孤独青年。他知道要面临

巨大的挑战,这使他格外地小心。如果你小小谨慎,坚持不懈,你就会有好运。当时机允许你逐步发展之时,负债可以转化为资产。

六二:你现在处身安全,可以适当休息了。这是成功的初始状态。前面的道路清晰而明亮,你应该为自己的进步感到高兴。现在的时机非常适合扩展,尤其是在人际关系方面。

九三:你曾经飞得太远、太高,发现自己身处困局或敌对的境地吗?甚至觉得迷失了方向?有时,我们不会让事情悄悄地发展,而是贸然前进,却突然发现自己陷入了一场斗争。在这种情况下,首要的要求是非常小心地减速或撤回来。

六四:当你发现自己处境尴尬,即使你没有过错,也得找个安全的地方让自己恢复平衡。如果从空中跌落,尽快找到一张网。回到走钢丝般的畏途之前,就在这张网里歇会儿吧。别担心,你会找到你的平衡。

九五:当迅速向高处攀爬时,与老朋友、过去的同事甚至伴侣的分开是很常见的。在这种情况下,你自然会觉得孤独。在自我成长的过程中,经历一段时期的分离和自我放逐是不可避免的。这是一种社会性的睡眠,这样才能让人重新醒来。即使一段时间从人群生活中退出,会使你这段时期的生活有点麻烦和不适,但你必须耐心地度过这段时间,而不是忽视你对隐私和他人关注的需求。随着时间的推移,误解会得到澄清,也会与重要的他人实现和解。

上九:当逐渐发展达至巅峰时,会有最好的运气,也为他人树立了榜样。忠实于你的目标,即使它们对他人来说似乎是自私的,但你成功地实现它们会让你周围的人受益。

*艺术家的说明:

归妹,震上兑下。"我直截了当地描绘了湖面上的雷声。我表现了一个传统女性的元素,即波状起伏的山和湖的堤岸。"

五十四、归妹（Careful Affection） 震上兑下

雷泽归妹

卦　辞

感情是亲密关系的重要组成部分，但必须要小心处理，才能使双方满意，并维护双方的自尊。例如，已婚者的情人会因为没有安全感而产生相冲突的情感。基于个人吸引力而建立的关系，特别是那些非常规的吸引力，需要特别注意。保持这种关系需要谨慎和机智。

为了克服挑战，让关系能够长久维系，你需要当心过度的情感吸引，以及大多数关系中都会出现的暂时性感觉。生活就是这样富有讽刺性，最幸福的人是那些已经拥有他们想要拥有的东西的人，以及那些想要保有他们已经拥有的东西的人。

犯下灾难性的错误绝不比你在礼仪允许的范围内冒险更容易。如果你过度保护自己，或者试图使自己成为不可或缺的人，你就会招致不幸。如果你在自己是否应该跟随自己的内心还是追随自己的大脑之间犹豫不决，那就给自己一些时间，也许答案会变得清晰。现在就大胆地的肯定和过度地保护自己可能带来不幸，所以不要试图表现过度的创造性或吸引更多有利于自己的关注。当然，让自己漫无目的地随波逐流可能也是一个错误。以中庸之道找到平衡。此卦原来的类比是从少女到新娘的过渡。

爻　辞

初九：这可能是一个取得成就的时刻，即使你发现自己的地位

比你所期望的要低,或者你的资源比你希望拥有的要少。如果你接受自己的位置和命运,在快到家的时候你就可能发现新的秘密,此时你甚至会感到某种幸福。接近权力是一件值得庆幸的事情。现在应该出去做事,因为有好运伴随你。

九二:此爻表示停滞和止步不前,但最后一切都会好起来。其中的一个形象是一个失望的女孩,尽管她很孤独,但她仍保持着魅力,不久就找到了新的爱人。

六三:对被禁止的东西或无法得到的果实的过度欲望不会降低果树的枝以便于人们采摘。然而,对你有此欲望却无可厚非。

九四:纯洁的意愿支持你展开梦想。在寻求他人的爱或支持时,要避免公然操纵他人。愿望的实现就是对凭良心办事的回报。

六五:当具有优秀品质的人优雅地接受一个卑微的地位时,每个人都会遇到好运。正如一个聪明的女人对男人的性格比对他的金钱或相貌更感兴趣一样,你可能会在有限的环境中找到满足感和价值。此爻预示了成就和满足。

上六:在亲密的关系中,不敬行为和犬儒主义会杀死处于共同体中心位置的神秘之力。无论是现在发生的事,还是你正在考虑的将来的事,当双方都关心他们伴侣的幸福就像关心他或她自己的幸福时,他们彼此的心才会结合。

*艺术家的说明:

丰,震上离下。"此卦似乎在呼唤雷雨,画中的火焰象征闪电。雨下得很大,雨水充足,带来了植物和花草的繁盛。"

五十五、丰（Great Abundance） 震上离下

卦　辞

当一个群体很团结、其领导的权力运用恰当时，群体内部会呈现最高程度的充裕。就像正午的太阳，清晰度、洞察力和进步都如日中天。无论是国家的繁荣、商业的兴隆还是个人的富裕，高峰时期都可能是短暂的。太阳没有下山前就把干草捆好很重要。

在一个充裕富足的时期，从事慈善、与他人分享个人的好运都是非常高明的做法。现在去做些善事，以防将来的匮乏。对培养孩子、形成健康的家庭氛围或任何紧密团结的团队，此卦都是一个好兆头。

爻　辞

初九：促进生活的富裕，让好的能量和宽阔的视野相结合。通常，这种组合可能来自在同一项目或关系中两个共同努力的人。此爻表明他们很般配，他们的伙伴关系有牢固的基础。根据此爻的爻象，现在是建立良好合作伙伴关系的时机，这种关系能帮你提升到顶点。好运在等着你！

九二：在富足的时候，阴谋和诡计就像偶尔会发生的日蚀一样，应对暂时的黑暗时期的最佳手段就是让它们过去，让它们放下自己的重负。试图在这个时候与负面力量对抗只会将你绊倒。对什么是真实，内心要有坚守。太阳很快就会升起，光明会再现。

六三：一个快速移动的元素使最近的成功黯然失色，它可以从

你手中夺走缰绳。在混乱中,无足轻重的人可能正在获得权力。现在不可能完成很多事情。虽然你无可厚非,损失和困难也许接踵到来,但都是暂时的。

九四:当阴影笼罩着繁荣或成功时,通常会有一种不安。为了防止暂时的挫折长久地影响你,必须努力寻找支持你地位的互补优势。此爻表明需要寻求一个明智的忠告。

六五:那些把谦虚作为最佳品质的人吸引了那些有能力提出良好建议的人。接受好的忠告会带来祝福和最大的好运。这种情况就像一个富人雇佣最好的投资顾问,然后倾听他们的意见!富人将更富。

上六:傲慢地对待权力往往会产生事与愿违的效果。如果你一味努力地实现富足,却疏远那些接近你的人,你最终还是会两手空空。那可就太糟了。紧紧抓住权力就像把大火炬变成蜡烛。将更多的火焰传递给他人,火炬才能被重新点燃,如果火炬熄灭的话。否则,就会面临孤立和不幸。

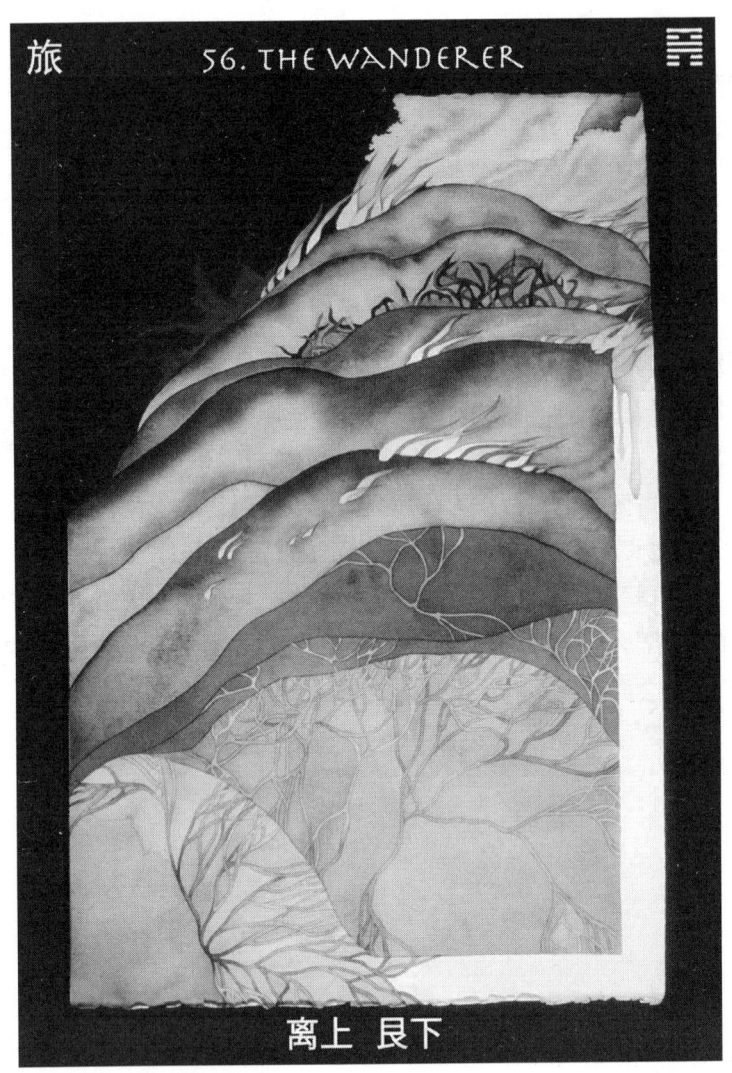

*艺术家的说明:

旅,离上艮下。"此卦由向山上旅行的火作为代表。这座山的底部似乎有路径。火可能走这些小径,也可能通过曲折的道路游荡到山顶,这是随机的。有时流浪者有明确的计划,有时则不然。"

五十六、旅（The Wanderer）离上艮下
火山旅

卦　辞

经验丰富的旅行者知道，远离家乡时需要恪守特殊的礼仪，入乡随俗。他们必须培养出更柔顺的个性，这样才能打开"本地的关系"或"主人"的大门，为自己铺平道路。在内心深处，流浪者知道有时候分辨陌生人的意图并不容易。他们是敌对的、友好的，还是仅仅是机会主义者？

神秘与探索这对孪生兄弟控制着我们的所有旅程。每个新的一天都开始于一个崭新的景观，它展示出的魅力吸引了我们的注意力。旅行是一位伟大的导师，也是一位伟大的平衡者。生活在旅途上是一门艺术。提高警惕和洞察力不仅是成功的关键，也是生存的关键。

如果你正在进入一个新的环境，保持真诚、灵活、不渴求，千万不要固执己见。摆脱那些可能拖累你或者让你太显眼的观念和习惯。一段伟大旅程的开始不是签订有约束力的协议或开办新企业的最佳时机。而且，虽然流浪者身份给了你一定的自由，人们不会从你的过去来评判你，你也没有什么过去的历史来强化自己，好汉不提当年勇。密切注意当地风俗，尊重他们。

爻　辞

初六：当你处在一个易受伤害的位置时——就像任何流浪者一样——不要卷入与你无关的琐事。保持你的目标意识，不要让自己

分心。如果被逼入诱惑的环境，保持你的尊严和储备，以免发生不测。一个全神贯注于琐事的旅行者会招致厄运。一如既往，坚持不懈地向前走。

六二：旅行者最伟大的两件财富就是谦逊和对人的自然情感，即使是那些与自己截然不同的人。无论何时你发现自己处在一个新的环境中，都应该培养一种开放的态度，这会带来巨大的好处。而且，越是雄心勃勃的旅程，与一个值得信赖的同伴分享就越有益。

九三：当一个旅行者在一个陌生的地方无人可以信赖时，情况会有些危险。如果你插手与你无关的事务和争论，你在冒很大的风险。如果你对那些愿意帮助你的人漠不关心，你就会失去他们的支持。傲慢的同行者如同切断了膝盖，不良品行在哪里都不会得到安全。

九四：在一个陌生的地方暂住的旅行者陷入了困境，尽管他设法获得了一个安全的避难所，但他必须保持警惕，因为他还没有完全适应周围的环境。他可能喜欢他暂住的地方，但内心深处他还是不安，因为他还没有到家。

六五：有经验的旅行者表现出良好的风度，赢得他人的认可。此爻预示了成功、晋升和奖励。学会在新地方兴旺发达的人在任何地方都会繁荣昌盛。无上好运！

上九：此爻表明一只鸟的巢已经被烧掉了。旅行者犯的最大的错误就是忘记他是局外人。这样的健忘会使他粗心，这样的旅行者会迷失方向。道路上或者任何新情况下的粗心，都不可避免地带来不幸。

57. GENTLE PENETRATION

巽上 巽下

*艺术家的说明：

巽，巽上巽下。"这里的意思是风轻柔地渗透到所有地方，一切都受到了它的影响。画中也含有一些超自然或神奇的影响，这种超自然影响解释了在中央的一块石头上何以有雕刻的新月出现。"

五十七、巽(Gentle Penetration) ☴ 巽上巽下
巽为风

卦　辞

微妙的穿透性，其效果就像一股柔和的风吹过芦苇，芦苇优雅地弯曲着，象征着柔韧和耐力，象征着行动中的平静与放松。有一种温和的影响力在起作用，正如微风不断地吹也能够化雨，小小的力量持续地努力，日积月累也可以产生持久的结果。

以温和的方式融入，对新的关系或事业是一个好的兆头。正如夏日微风慢慢地穿过树林，使森林凉爽，天才领袖的思想慢慢地进入人们的头脑，沉入他们的心灵。在人际关系中，温和的开始可以带来长久的结合。

当使用一种温和而持久的力量时，小心翼翼地瞄准目标是必要的。只有当一种微小之力不断地向同一方向用力时，它才会产生累积效应。在人类事务中，这种软实力更多的是通过性格上的力量，而不是直接的对抗或主动的引诱来起作用的。重要的是有明确的目标并坚持下去。让自己目光敏锐，选择那条阻力最小的路径，你将得到好运！

爻　辞

初六：天生的温柔也有优柔寡断的负面影响。此爻指一个温和的人陷入了窘境，充满了疑虑。当个人的船舵因没有方向而左右摆动时，必须牢牢抓住它，让船舵把船带回到航向上。纪律是必要的。

九二：当负面力量破坏你最好的计划时，找到阴影的源头，然后

轻轻地把它们暴露在阳光下。开放和诚实会带来成功，但前提是你首先对自己诚实。在你的内心深处寻找隐藏的敌人，如自怜、骄傲，以及对"什么应该怎样发生"的刻板而主观的成见。

过多的情感，无论是硬碰而傲慢的，或软磨而放纵的，都会阻碍进步，消耗你的力量。悄悄地把消极的内心感受带到阳光下，使它们无力再对你施加影响。好运会等着你。

九三：即使是一颗敏锐的头脑也有聪明反被聪明误的时候。经过认真研究和思考而做出一个严肃的决定后，进一步的讨论只会导致对意志的颠覆。一个过度活跃的头脑可能开始用新的怀疑作为挡箭牌来反对采取必要的行动。当分析过度时，意志就会瘫痪，目的会被削弱。想得太多可能导致不幸。

六四：当强烈的责任感、丰富的经验、旺盛的精力与谦逊这种品质相结合时，效果定会持久，成功几乎没有悬念。当遇到需要持续努力才能达到预期目标的困难处境时，要牢记这些美德。

九五：此爻表明，情况远非完美，需要找到新的方向。开始并不伟大，虽然也不可怕。有些细致的改革在按照既定程序进行，但不要把脏水和婴儿一起倒掉。准备好继续做出改变和调整，直到形势与你的真正目标相协调。自我纠错会带来成功。

上九：当一种安静、有穿透性的力量达到顶峰时，成功和困难都会同时显现出来，还会出现某种力量的丧失。如果你深深地卷入了一个事件，发现里面有强大的阻力，你对此却无能为力，在这种情况下，立即后撤是最好的行动。

*艺术家的说明：

兑，兑下兑上。"这里的想法是湖水相互渗透的湖泊。这种交互性使其自然的流动变得更为多样和复杂。虽然其形象就是水和湖，但也不仅于此，还暗含男性生殖器似的形状把湖面向上推，暗示身体交接的快乐。"

五十八、兑(Joy) ☱ 兑下兑上
兑为泽

卦　辞

过去,人们常用一群朋友在玩耍来象征欢乐,或者用一个无忧无虑的少女一边独自歌唱一边沉浸在自己的歌声里来象征欢乐。不管用什么作象征,幸福都是从内心升起,向世界蔓延!

欢乐以温和的方式降临人间,其来源却是一个坚实的自我意识。欢乐的力量不可低估。例如,学习和发现的乐趣常常是灵感的源泉。同样,给世界带来欢乐的东西也是力量的源泉。

如果幸福能够持续,它能将最难对付的障碍销蚀,征服最坚硬的心灵。快乐所致,金石为开。真正的快乐是世上的灯塔,它是如此稀有,它的存在预示着巨大的好运,无论是现在还是将来。难道不是这样吗?

爻　辞

初九:过着平静、自足的生活就是最大的好运。饿的时候吃,累的时候睡,想乐的时候乐——还有什么更好的吗?

九二:真正的快乐是寻欢作乐所不能匹敌的。寻欢作乐无法被充分地享受到,对即将到来的黎明无法产生更多的期待。记住这种教训。

六三:真正的快乐来源于自己。如果一个人触摸不到自己的内心,想到外面去寻找快乐,就很容易沉溺于肤浅而让人分心的愉快之事。那些不控制自己懒散的欲望的人会这样做,因为他们不会脚

踏实地。了解你最深切的愿望并采取行动,是获得快乐、富足和能量的最佳途径。寻找外在的东西来填满自己,这种满足不会长久。

九四:当各种乐趣比比皆是,这会促使你做出决断。选择享乐而非快乐,是一种自我挫败,就像在危险面前没有采取行动一样。选择实现更高的欲望带来更高的满足感,在令人不满的行为中自我沉溺只会增加更大的痛苦。

九五:当一段欢乐开始消退,肯定会慢慢地出现其他问题,无论你多么真诚,还是容易卷入不值得的环境或人、事之中。认识到这一点并加以防范,你才能避免陷阱,不受伤害。

上六:愉快的环境并不一定意味着成功。触碰不到自己深沉的自我和生活的真正意义,就有可能被虚荣和肤浅的享乐所淹没,远离了真正的快乐。当这种情况发生时,就不再是一个好运气或坏运气的问题了。当你对自己的选择失去控制时,一切都只能靠碰运气了。

涣 59. DISPERSING

坎下 巽上

*艺术家的说明：

涣,下坎上巽。"我用风吹水下的泡沫来象征涣。原卦有'先王以享于帝,立庙'之意,所以在大地上描绘了祖先的灵堂。"

五十九、涣（Dispersing）风水涣 下坎上巽

卦辞

没有什么能永远存在，甚至连岩石或其他结构最坚硬的东西都不能永存。同样，我们所有的障碍也会随着时间的推移而被克服。对固体物的侵蚀并不是坏事，事实上，它也意味着某种新事物正在被创造。此卦的形象是浮冰，在冬天非常坚硬，春天的温暖将其融化；当冰融化时，形成一条河流。这个形象指的是一个小小的变化随着时间的推移产生大的结果。

人心的僵化刻板会滋生出自我中心的分离，一个巨大的力量也可以将其改变，比如使人开心的仪式，或者其他集体性活动。一个封闭心灵的打开对每个人都有利。

首先要溶解的是你内心中那些精神上的僵化，这会让你与他人有疏离感。尽量与你的朋友和同胞密切合作，专注于因你的正直和善意而引发的共同活动。为了更大的善而举行的稍微戏剧性的行动，可以转移能量、提升精神、开启新的可能性。

精神上的冲动，包括正义感，现在应该受到尊重，并指引实际生活。重大的和建设性的变革需要某些温和的冲动，但要避免任何形式的义愤或攻击性力量，避免任何形式的不团结。如果你的工作或伙伴关系不活跃或不发挥作用，此卦建议你考虑解散它。

爻辞

初六：在一切重大事件中，及时处理纠纷是至关重要的。如果

不及时解决误解和争执,允许其逗留和溃烂,它将迅速恶化为新的伤口,影响整个团队或项目。隐性因素引起的冲突需要暴露在阳光下,让其尽快消除和化解,避免进一步的争论和不必要的浪费。一旦及时解决,好运就将降临。

九二:如果你在某个团体或企业中感觉到了麻烦,那么,既要在公司内部也要在有影响力的外人之间建立稳固、可靠的沟通渠道。在企业或关系迅速解散时期,可信赖的信息是一种强有力的资产。事情一旦清楚,遗憾就会随着障碍一同消失。

六三:在一个伟大的事业中,重要的是放弃任何自我的偏见或只求个人回报的愿望,在自己的内心去寻找引起障碍或问题的原因。全身心地投入工作,如果工作至关重要的话,是避免未来后悔的好办法。

六四:当连接伙伴或团队的纽带正在放松时,只有超越了自我中心的利益,才能获得更大的价值。站在更高处,就会有更好的运气!

九五:当志同道合的人被鼓舞人心的理想组织起来时,危机常常意味着契机。在杂乱无章的情况下或在混乱的时代,当能量和资源分散时,情况尤其如此。需要巨大的能量和慷慨来抓住时机,团结起来支持共同的事业。在这样的时刻,请记住,如果你与所有人的更大利益一致,万一受损,你至多成为众多受害者之一。

上九:此卦指那些为了拯救他人或者为了保护他们免受伤害而自己身陷危险的人。在你行动之前,仔细掂量行动的后果。当走进布雷区,保持高度警惕,反应迅速,随机应变。

60. LIMITS AND CONNECTIONS

坎上 兑下

*艺术家的说明：

节,坎上兑下。"在这幅插图中,限制在一个池塘里的瀑布显示出来了。池塘拦住了瀑布,它所提供的边界被认为是必要的和良性的。"

六十、节（Limits and Connections） 坎上兑下
水泽节

卦　辞

对于引导能量、引导目标和引导生命，施以某种限制是必要的。在充满无限机会的海洋中不停地游泳，会让人精疲力竭。在无边无际、充满大量机会的天空孤独地飞翔，会让人迷失方向。在人类事务中，做出决定和与人结盟必然意味着受到限制。在选择一条道路时，另一条道路必须被抛在后面。

成功生活的关键是要有意识地、仔细地选择自己的领域。既要识别个人领域的边界，也要知道什么时候该编队飞行。正如富足之前应该节俭，先放弃自私的利益会带来更大的个人回报。只有有意识地接受有用的限定，才能让你的能量服务于良好的目标，并带来持久的成就。

应该寻找遵守纪律与精神自由的中间道路。限制会自行出现，但要有意识地做出好的决定，选择恰当的机构……现在，该知道如何起飞！另一方面，在纪律上不要过分。即使是限制本身也必须要受到限制，以便在为你的生活带来秩序和方向的努力中，不至于扼杀热情、自发性和创造性。

在团体和组织机构中，规章制度应该在过于严苛和过于宽松之间求得平衡。如果它们太难遵从，法律会在人群中制造挫折，并最终成为具有破坏性的条款。如果规则太缺乏约束力，马虎就会变得可接受，能量很快就会消散。最好的路径是允许个人潜能的展开，同时鼓励一定的自律和专注。

爻　辞

初九：在开始任何重大行动之前，智者首先会评估他们成功完成任务的能力。如果各种限制势不可挡，则不采取任何行动。无为是一种决定和一种行动，时间的流逝本身可以给弱者带来力量，为那些一直安静持守的人增添能量。保持一个稳定的目标，但只有当你感觉时机成熟时才采取行动。这样，那些限制最终会有利于你的最大利益。凭谨慎的品性，选择恰当的时机，任何事情都能解决。

九二：当湖水涨到大坝之上时，毫无疑问水会溢出坝顶。当某一特定情况下的限制突然被突破时，紧张的犹豫不决会犯错误。抓住时机！

六三：如果不参加社会活动，人们可以过一种闲适的生活。我行我素、自私自利的行为会违反合理的规则和惯例；为了寻求刺激而藐视社会习俗，是过激的行为，会导致严重的后果。在公平和适当的范围内积极主动、追求快乐，这才是可取的行为。

六四：衡量自我设限的方法是：它们是保存和恢复能量，还是驱散了能量？例如减肥，需要太多的警惕和自我斗争。削弱身体的能量和个人的决心，它将无法实现预期的目的，即恢复能量和健康。最好迅速调整对人为限制所做的徒劳斗争，以便可以看清真正的目标。做到这点不难！

九五：如果你自己都不愿扛在肩上，也不要让他人戴上枷锁。不要强加你自己也不能遵从的规则。如果你处于领导地位，尤其如此。如果你能对符合条件的人施加限制，而不过分限制他们的自由，就可能取得巨大的成功。

上六：暴政永远不会持久，因为权力的来源会因为其管理的残酷而受到侵蚀。对自由的严格限制永远不会成为一个连贯的战略，因为更大的反作用力正在被激发出来。在特殊情况下可以严格管控,但其意图必须明确,有效时间必须加以限定,其实施才可能见效。在领导技巧的巧妙运用中,强烈的手段是由温和和富有同情心来达到平衡的。

然而,有时为了保护自己不受诱惑、内疚或后悔的折磨,或者为了一些非常有价值的东西能被保留,我们需要某种程度的严格。

61. CENTERING IN TRUTH
中孚

兑下巽上

*艺术家的说明：

中孚，下兑上巽。"我选择用画有突出的大脑和心脏的中国河豚来描绘真理最核心的内容。要找到内在的真理，两者都需要。上面的风搅动着野草和浪尖，但并不能阻止河豚去寻找真实的东西。"

六十一、中孚(Centering in Truth) 下兑上巽
风泽中孚

卦 辞

寻求真相会让我们意识到心灵与环境之间的关系。这需要与你的内心、与他人、与大自然的一切最根本的智慧相融通。

当你放下偏见,接受这个世界真正的样子,真实会变成力量。虽然这种内在的转变可以产生显著的影响,却并不容易发生。只有那些培养了对万物如其所是的存在本身保持开放的人才能做到,他们或她们愿意看到事物的内在本质,而不仅仅是其外表。

当你的内心生活阴云密布时,你对世界的影响就会隐藏在阴影之中。如果你恐惧,你就会受到攻击;如果你用教条掩盖神秘,你就会失去洞察的机会;如果你在需要坚持的原则上犹豫,你将受到考验。然而,当你坚定且坚强时,即使最顽固的头脑,也会被真实带来的力量所突破。

在辩论中,站在对方的立场上去感知真实,这种能力比赢得比赛更为重要。一般来说,通过使普遍真理显现其所带来的力量,即使最难对付的人也可能受到其影响,还可能改善最艰难的处境,因为真实是所有人自然流露的东西。让你自己的某部分与这股力量结合在一起。培养这种力量,并熟练运用,与那些志同道合的人分享这股力量,会取得更大的利益。

爻 辞

初九:在内心为成功做好准备。以稳重的个人性格,坚定地寻

找每一种情形背后的真相,必然带来好运。为了这个目的,依赖他人的感知是不可靠的;你必须学会自立,自力更生,运用认知的力量,在适当的时候做出正确的行动。

九二:一种清晰的、温暖他人的无私存于心中,这是权力和影响力的重要来源。就像石头被抛入池中,它肯定会激起涟漪。真诚地依靠自己的诚实和正直会带来无上的好运。

六三:向他人寻求真理和目标的人,其生活就像一艘在海上颠簸的船。只有当船锚落到海底,海浪才会停下来。"或鼓或罢,或泣或歌",一个信马由缰的人一会儿在兴奋的顶点,一会儿又在痛苦的深渊。

内在的真实必须根植于你自己的感知和经验。在真理殿堂的门口,我们都得独自面对。敢于认识自己的内心,在时机成熟时说出你的真实感受!

六四:与真实的自己保持一致并不容易。要做到这一点,就得像一匹马在前面直接套上犁,毅然地承受它的负担。犁地时,不要东张西望、左顾右盼,即使自己的伙伴就在附近。不要被时尚潮流和小圈子所干扰,深入挖掘,你的领地最终会结出丰硕的果实。

九五:正直的人对他的周围能产生影响并促进人们的团结。这样的人能够通过暗示性力量来引导。这样一位领导的心中憧憬着繁荣,他或她的存在本身就能够影响他人。如果这样的人内心是真诚的,进入他的影响圈将带来巨大的好运。

上九:语言是只鸟,它们栖息其上的树是其活动区,内在真理的力量根植于树。鸟飞来又飞走。"翰音登于天,贞凶",光说不动没有用。

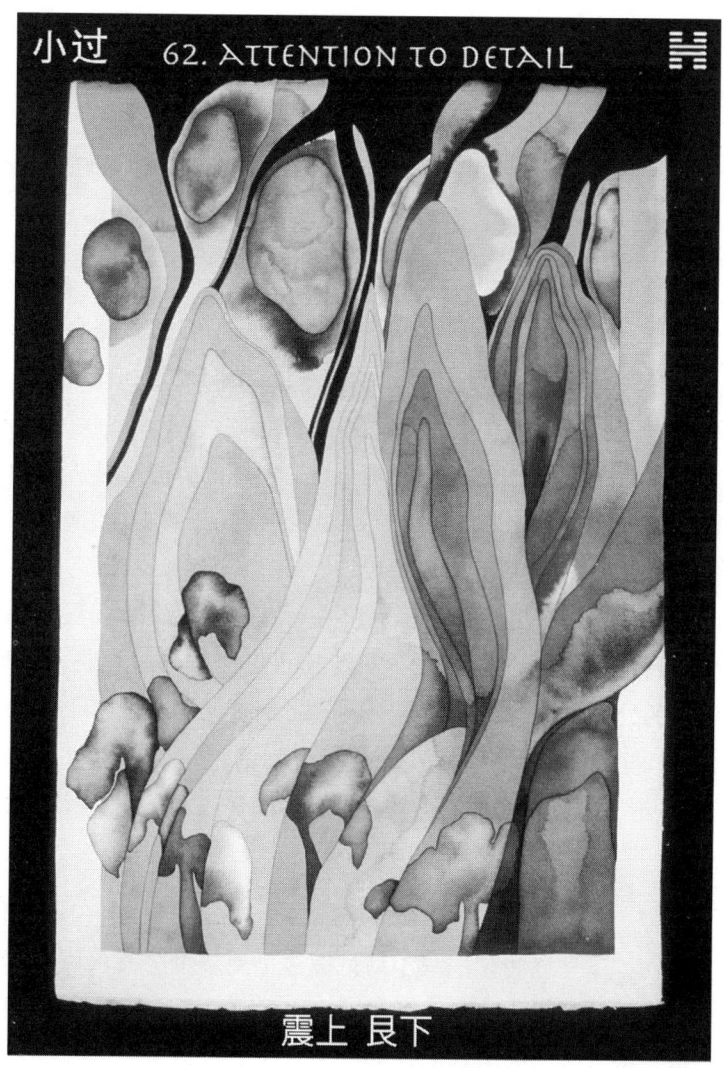

*艺术家的说明：

小过，震上艮下。"山上的雷声似乎更大，这可能是一种幻觉。此卦有关声音的接收，信息已经发送，也已经被接收到。我试图通过使山看起来像耳朵和回声一样来说明这一点。树木弯曲了，雷声回荡在树梢。"

六十二、小过（Attention to Detail） 震上艮下
雷山小过

卦 辞

雄心勃勃做事业却没有秩序。给小问题足够的关注会带来相当大的进展。对于一个资源贫乏的人来说，情况更是如此。因为谦虚和毅力，人们最终会成就伟大的事业。

在成功的初始阶段，关键是避免自命不凡的野心和好大喜功的目标。小人物的力量来自于缓慢而稳定的进步，诚实地、毫无保留地接受自己的局限，以此来取得成功。

承认自己的不足，表现出谦逊是一种优良的品质。但是，如果不同时具备责任心和自尊心，这种品质也可能被当作软弱。因此，了解你的处境对你提出的要求，不期望此时就必须在大事上取得成功，这点非常重要。智者承认并接受时间的规律。了解自己的角色，关注细节，谦虚地行动，即使只有很少的资源，你也能获得成功。

爻 辞

初六："飞鸟以凶。"一只小鸟试图过早地从巢中飞出而惨遭不幸。在取得最重要的前期进展时，小人物必须达到一定的地位和高度。过于努力地尝试困难的任务会招致不幸的后果。暂时坚持最基本的东西，现在应该把安全放在第一位。

六二："不及其君，遇其臣。"当你被拒绝接近那些能控制你命运的人物时，除了理性地接受这个处境之外，你别无选择，同时还得努力工作以赢得未来的注意。在困难的情况下约束自己预示着未来

的成功。

九三：当危险潜伏时，智者采取预防措施。他们甚至对最小的问题也有足够的关注。注意小的，甚至是琐碎的细节，往往是在危机时刻为逃生铺平了道路。如果你夜间冒险进入城市的心脏，在你进入之前知道最短最安全的逃生之路是值得的。不要让骄傲使你产生一种虚假的安全感。在有人偷偷潜入你背后之前，你就得启动预警。

九四：在没有装备的情况下开始探险旅行时，必须保持灵敏和警惕。当你处于劣势时，克制和谨慎是你需要接受的命令。在这种情况下不能小心地向前推进，会招致不幸。

六五：当组建团队去完成一项具有挑战性的项目或困难的任务时，强调成就和智慧应超过地位和声誉。只有将个人的贡献汇集起来，渺小才可能转化为伟大。保持团队的精神，对于以薄弱的资源开始的特殊事业，其成功依赖于和谐的工作关系。谦虚是关键。

上六：在细节决定成败的关键时期，回到视野开阔的地面会带来不幸。如果你尝试过度雄心勃勃的事业，而成功的机会很少，运气不会太佳。超过了标识出的标记，无论是由于骄傲或注意力不集中，就像一架即将在错误的读数下降落的飞机，非常可能撞机。一步一个脚印地走，注意细节。

坎上 离下

*艺术家的说明：

既济，坎上离下。"即使事情完成了，也需要对危险保持警惕。在这幅画里，下面的火首先是热温泉，其次是冒烟的火山以示强调。下面到处是危险的火，这不是一个应该逗留的地方。"

六十三、既济（After Completion） 坎上离下
水火既济

卦　辞

在完成一个项目或伟大的事业后，仍有许多事情要做。这很有讽刺意味。完成仅仅是创造和衰退周期中间的停顿，是生命钟摆的暂时止点。虽然完成意味着一段平静的停顿——一段已经得到了的丰收——但它并不是一个真正的结束，而是在不断变化和运动中的和谐的过渡期，就像一呼一吸之间的静止点一样。

"既济"卦的一个形象是一壶水在火上沸腾。当力量平衡时，水会沸腾；但如果壶里的水太满，加热过度，沸水则会把火浇熄。另一方面，如果火太大，加热太久，它可以蒸发掉所有的水。在维持完成一项艰巨任务后的平衡时，还必须仔细监测仍然在起作用的各种力量，以确保适当的平衡。完成后的状态是微调的阶段，对已完成的进行改进和增加一些点缀。

即使我们享受着回报，自然法则告诉我们影响力和成功最终会减弱。不要因眼前的好运养成一种漫不经心或放松的态度。在任何事情上的成功或已经成就的东西都需要谨慎地维护，现在不要尝试去扩大战果。另一方面，对未完成的，应该毫不拖延地将其完成。完成后要满足，享受满足感，但不要在结局上停留太久。

爻　辞

初九：在完成一项重大事业之后，前期的努力势头仍然存在，而且有继续向前发展的趋势。小心，一旦一个项目达到了它恰当的终

点,此时再继续下去会带来不幸。在完成之后继续前进可能会威胁到既定的成功;即使如此,如果你的态度和方法正确,也不会造成真正的伤害。

六二:随过去的成功而来的某种停滞已经影响到了当前,你的才能被隐藏,可能因为眼下的处境,也可能因有权之人自己还在努力。当这一切发生的时候,重要的不是用骄傲的行为去试图吸引人们注意到自己。耐心点,最终属于你的东西不会被拿走。

九三:项目或事业完成后,要提防继续扩张的冲动。给胜利一段时间,让其安顿下来。开始新的旅程时,过去我们奋斗时注意的那些细节还应给予同样的关注。如果成功给你的生活带来了新的责任,你还需要选择有天赋和才能的人来与你共事。这不是一个容易的任务,所以得谨慎的聚集你的能量。

六四:在和谐和繁荣的时期,某些不完美可能会表现出来。不要过度反应,谨慎地采取果断的行动,才可以在成为大的问题之前将其消除。

九五:在精神性和宗教性事务中,盛大的仪式能烘托某种威势和排场。记住,财富不是神的恩典。在这种表演中缺乏虔诚和对道的尊重。人类看到物质世界中拥有的,但精神却注意到了内心所持有的东西。在繁荣时期,保持谦逊和保持善良是至关重要的。没有真精神的华丽的宗教展示就像华丽的、空荡荡的马车在风中嘎嘎作响。无论贫富,真诚、谦虚和诚实都有无与伦比的重要性。

上六:当一个人攀登危险的悬崖时,有一种自然的倾向,那就是回望,着迷于戏剧中克服困难的场景。此时此地的徘徊会带来危险:背景中的安全(或过去的安全)可能正在影响着你。不要回头看。不管你超越了什么,最好现在都别提了。

关注向前的行动。不要犹豫,不要自满,不要沾沾自喜。如果你现在停下来,更大的风险可能会迅速上升。这是一个机遇期,但稳定的环境似乎掩盖了消极的影响。在危险的处境中,现在不前进可能会使你后退,尤如逆水行舟,不进则退。虽然为得到这一职位自己做得非常出色,但过早地钦佩自己则会让过去的挑战重新回来。还是继续向前吧!

* 艺术家的说明：

未济，离上坎下。"这座桥表明还需要连接一段旅途才能完成整个行程。现在是秋天，象征着一年即将结束。火在桥上，预示着在跨过桥之前有烧掉它的风险。"

六十四、未济（Nearing Completion） 离上坎下

火水未济

卦　辞

事情尚未完成，但过去的混乱正在让位给秩序，目标已经在望。尽管如此，仍然需要如履薄冰。前面的路畅通无阻，目标是明确的，但是谨慎小心的态度仍然很重要，以免滑倒。

"未济"是《易经》的最后一卦，它表明转动不息的生命之轮永不会到达终点。就像真正兴奋的内心深处总有一处隐痛，也如同伟大成就的种子可以在逆境中发芽，所有不能启动新的开始的事情都不算真正的完成。虽然为了理解和管理的便捷，我们把生活分门别类，但生活经验本身是无缝无隙的。此卦，是道所道出的六十四条道之一，无时间的变化之轮准备向上旋转，不断发展。唯一不变的就是变化本身！

此卦所代表的情况可以比作长途跋涉越过高山。在到达山顶之前的某个时刻，你可以详细地看到你还剩下多远的路要走。你有一个很好的想法需要带到山巅，到目前为止你已经积累了丰富的登山经验。当你达到顶峰时，你已经历了相当长一段时间的持续努力，达到顶峰，实现你最初的目标。但现在，你还需要从另一侧下山。最后一个关键部分是尚未完成的剩余部分。

你可能没有得到什么信息，也不知道从山的另一侧下山是什么感觉，你所有的注意力都集中在上升的道路上。未来的形势对你来说似乎很奇怪，不像以前你经历过的那样，山的另一侧是真实的秘密所在。小心，谨慎，你会实现你的目标。

爻辞

初六：在混乱的时期,有一种自然的倾向,那就是变得焦虑,把警告抛至脑后,盲目向前冲。就像一只年轻的狐狸在接近目标时飞奔而去。如果是试图迅速逃避,它将如履薄冰。退一步吧,别让自己蒙羞。

九二：直接行动的时机还不成熟。忍耐是明智的,但不要让等待的时间变得慵惰。这是发动机在怠速运转时的耐性。做好准备,耐心等待,盯着奖赏,但在看到绿灯之前不要踩油门。

六三：从有害的纠缠过渡到明晰的成功是可能的,但你现在可能缺乏足够的力量来完成这项事业。遇到这样的情况时,请他人帮忙领着你跑到终点吧。如果不这样,可能招致失败。

九四：当混乱让位于新的秩序时,在新的解决方案中麻烦会自动解除,但新的斗争仍不可避免。此爻指的是受到堕落或混乱力量的再次威胁,你既要坚强坚定地前进,也要面对屈辱和失败。振作起来,加入战斗。需要你所有的技能、才能和影响力,现在就全力以赴吧！

六五：无耻小人已经溃败,胜利近在咫尺。就像太阳在风雨后最美丽,与烦恼和失败相比,这样的胜利更值得庆祝。斗争取得了成功,在其荣耀中享受一段时间吧,然后小心前行,现在可以向你的战利品迈进,伟大成就的时机已经成熟。

上九：一种全新的幸福感来自于与他人或内心冲突的结束。庆祝和享受,但不要过度,以免模糊你的视野,丧失你的信心。当一杯葡萄酒能唤起成功的喜悦之光时,一整瓶酒却把光熄灭了。

第二部分

《易经》简介

第一章 《易经》是怎样一本书

《易经》是人类最推崇的古代占卜系统,也是世界上最古老的书之一。《易经》以阴阳二元逻辑为基础,在阴阳动态性互动的基础上,激发创造性思维,制定出掌握变化的策略。

作为一个决策工具,《易经》提供了用另一双眼睛看待事物的角度。对于有意识的人类,这将有助于解决那些通过逻辑无法解决的问题和困境。《易经》基本上是依靠直觉来做决策的系统,旨在洞察当下的处境,指导人们随着变化而调适自己。尽管它有几千年的历史,但它却是古人发明的最复杂的占卜系统之一。对《易经》的第一个文本解释大约是公元前1000年,孔子在公元前600年左右扩充了这一著作。在其悠久的历史中,《易经》被智者、政治家和军事领导人当作指导和智慧的来源,以做出战略决策和选择最佳时机。

《易经》共有六十四卦,每卦有六爻。六爻自下而上依次排列而形成一个卦。其中的六爻分为两组三爻,是为上卦、下卦,或称内卦、外卦,也称主卦、副卦。八卦或六十四卦中的每一爻要么是阳爻(实线),要么是阴爻(虚线),这由起卦时的具体情况而定,过去是看硬币的正反面,或蓍草的单双数。

八卦,或"卦",代表着生活和现实中的八个基本原则。它们的命名与特定的属性有关,如八个方位,这是一种自然现象,与阴阳五行学说也有关。五行生克制化描述了自然界所有物质和能量之间的联系和交互作用。所有这些关联性是中国传统文化的基础,中国占星术、中医学、武术和风水都受其影响。

第一卦"离卦",象征火,是五行之一。

第二卦"坤卦",象征地,"坤"有顺承的特点,厚德载物。

第三卦"兑卦",象征"泽",属五行中的"金"。

第四卦"乾卦",称为"天",也属五行中的"金"。"天"代表含摄整个宇宙之无穷空间里的创造性力量,刚健是其特点。

第五卦"坎卦"称为"水",是五行之一。

第六卦"艮卦",象征"山",与第二卦一样,属五行中的"土"。

第七卦是震卦,象征"雷",属五行中的"木"。

最后一卦是"巽卦",象征"风",也属五行中的"木"。

八卦和六十四卦都是阴阳爻的不同组合而构成的,代表道和人类的能量结构、某种局面、某种情况或某种困境。《易经》将阴阳的模式描绘出来,使我们能够用其解读特定的议题和问题。

《易经》的每一卦都通过"爻"的变动而演变成其他六十三卦,展示正在发生变化的过程中的情景,让我们得以洞见到真实的状况。(注:当抛掷三个硬币时,变爻是三种情况中的一种,其中有25%的机会得到硬币的正面或反面,所以,变爻在统计学上是每一卦的六爻中的1.5次。)

有趣的是,《易经》的阴阳系统是变化的两极,阴变成阳,或者阳变成阴。这启发了18世纪的德国数学家和哲学家莱布尼茨,他发现中国古代就已经在运用二进制了。一个世纪后,20世纪40年代,二进制数学深刻地启发了约翰·冯·诺依曼(John von Neumann)设计的第一代数字计算机。

把《易经》介绍到西方的最著名的人物是卫礼贤。他曾是在中国传教的清教徒。1923年他将《易经》翻译成德语。卫礼贤的德译本由卡里F. 贝恩斯(Cary F. Baynes)翻译成英语,出版于1950年,心理学家荣格为此书写了导论,在其中他介绍了他著名的"共时性原理"。

卫礼贤译本是这样介绍《易经》的:

《易经》最初只有阴阳组成的卦象，这些卦象代表着神谕。在古代，神谕用在各个地方。其中最古老的神谕只回答"是"或"不是"。"是"用阳爻代替，"不是"用阴爻代替。但是，即使在初期，也有一种需求去解释更多的差异性，阴阳开始被组合起来。每一对阴阳组合中再增加一个阴爻或者阳爻，三个爻组成八卦。八卦代表天地之间所有的象。为了获得更大的多样性，八卦又两两组合，这样就得到了六十四卦。

荣格是卫礼贤的同时代人和好朋友。他的原型理论和共时性研究受到卫礼贤给他介绍的《易经》的深刻启发和影响。通过研究六十四卦所代表的宇宙原型及其变化，荣格发现《易经》是一个各个原型交互作用的整体系统，它揭示了"共时性原理"（Synchronicity principle）起作用而带来的非因果关系的创意维度。提出这条原则，荣格也受到他的另一位朋友爱因斯坦的提示。荣格一直在考虑爱因斯坦的相对论是否不仅仅涉及时间维度，从时机上讲，即事物可能在时间方面的因果联系，类似于亚原子粒子的物理行为。像孔子一样，荣格说他愿意把毕生的精力用于这项研究。荣格对这部伟大的经典非常感兴趣，并对它进行了几十年的研究。他认识到六十四个原型的普遍性，六十四个集合构成了人类动态的平衡组合。

通过他的著作，包括他对卫礼贤—贝恩斯《易经》译本的介绍，荣格向西方世界介绍了占卜体系。在这个方面，荣格对推广《易经》做出的贡献无人出其右。透过原型心理学的镜头，我们更清晰地看到，《易经》的占卜系统和塔罗牌不是算命和预测未来的把戏，而是复杂的心理工具，虽然它们曾被吉普赛人和通灵巫师挪用过。

纵观人类历史，领导人物对重要的事情都曾依赖于神谕和预言家的指导，这与荣格帮助现代人学习和欣赏这套系统的方式是异曲同工的。除了《易经》，两千年以后有了塔罗牌。看来，无论身处什么时代，人类经常转向占卜性的原型组合以求得指导。在印度有占卜之书，基督教和犹太教的经典中也有请示先知、皇家占卜师、解梦人和占星家的内容。

我们习惯于把神谕作为人神交流的方式，如德尔菲神庙的神谕，还有《旧约》中的先知之所言，以及有通灵能力的个人，他们能传达神圣的智慧，给人类以预见性的建议。《易经》是有特殊优势的占卜系统，因为它不需要第三方中介。它可以在任何时候被任何人用来激发和唤醒自己的直觉，作为智慧和指导的来源。

正如许多咨询过通灵者的人会告诉你的那样，由第三方传递的交流是一把双刃剑。一方面，咨询师能够以很个性化的方式与你交流，他们会考虑到你的欲望、你的处境、你的生活故事，他们也会观察到你的个人癖好和反应。这不仅有助于他们设身处地地融入你的处境中，而且也能给你一种舒适的感觉，让你感受到自己所得到的情感支持。这也使你更容易接受他们提出的任何建议。但是，与你进行心灵沟通的第三方也有负面的影响，通灵者自身的处境、问题、环境或情绪可能影响他们的预测，用他们自己的情绪状态和偏见遮盖你对现实的清晰感知。相比之下，像《易经》这样的非人的占卜系统与你的个性或自我无关，不会刻意引导你去这样或那样感知，也不会刻意把你留下以成为潜在的客户。

管理变化会遇到的挑战

我们唯一能确信的就是事情会改变，不管我们是否喜欢事情变化的方式。为了提高我们适应不断变化的需求和条件的能力，现代专家们提出了一种叫做"变革管理"（change management）的学科，"易经占卜系统"是最初的变革管理工具。

人类从来没有像我们现在这样需要变革管理的技能。随着变化的速度继续加快，新的和不同的情况出现频率越来越高，变化的影响从未如此迅速和猛烈。跟上现代变化节奏的唯一方法是做出更好的决定，包括优先处理哪些问题，以什么顺序，以及暂时忽略哪些问题。简言之，有效的变革管理需要持续不断的巧妙决策。

战略决策是一种能为人类提供最高杠杆效应的能力，是一种比任何事情都更能决定成败、幸福或悲伤的技能。人类是地球上唯一能够在我们做出的所有选择之后，能看到不同可能后果的物种。然而，尽管有这种独特的幻想和考虑可能未来的能力，但我们不擅长决策。我们倾向于从一个极端走向另一个极端，要么过于情绪化、过于冲动，要么过于注重分析、过于拖延。我们容易受到许多偏见的影响。我们总是在黑白、一切都有或什么也没有，这种非此即彼的两极之间摇摆，有时也一厢情愿的痴心妄想。

巧妙地做出重要决策的能力是如此重要却罕见，拥有这种能力才能得到很好的回报。所以，具备这种能力的领导者和管理者常常拥有地位和财富。总统对付恐怖分子；首席执行官作出战略决策，影响整个市场；个人投资者决定买空还是卖空……做出明智、及时的选择是人类最重要的活动，这也是最有压力的一个活动。

略微调高决策压力的紧迫性

在这个混乱的信息时代，做出最佳决策不仅仅是重要的，也是非常紧迫的，这就给我们增加了压力。今天的成年人一年之内要做出的决定与我们的祖父母辈在十年内做出的决定，在数量上差不多。人类的命运比以往任何时候都更多地取决于领导人的决策。同时，在现代通信技术的帮助下，我们可以更快地做出决定。长时间来，信息的爆炸使得我们的大脑充斥着偏向某些党派的或商业的信息，其中大多数都带有偏见，甚至纯粹就是错误的。古代的诅咒，"愿你生活在有趣的年代"，已经兑现了，而且有种报应的意味。

由于压力的增加，生活和工作中有更多的焦虑。人类总是有很多理由感到不安全,但今天遇到的事情在质和量上都大为不同。社会的迅速变化和随之而来的所有的不确定性已经累积到混乱的程度。托夫勒的重要著作《未来的冲击》,在20世纪70年代初就预测,作为已经确证的事件,变化正以惊人的速度加快。我们随时面临做出最佳决策的压力,需要成功地应对正在发生的变革。

好消息是变化并不总是坏的,事情从来不像它看上去那样糟糕。虽然变化的条件需要新的策略,但它们也为那些能够管理变革的人提供了令人兴奋的新机会,那就是跳出事件本身来观察和应对,让我们具有创造性,并获得更好的结果。但需要记住,变革管理的核心组成部分和挑战是做出巧妙的决策,在恰当的时候采取正确的行动。

掌握最佳时机

俗话说"时间就是一切"。事实上,在正确的时间做出正确的行动是明智决策的精髓。时间本身就是一个决定,它提供了这个问题的答案:"我应该在什么时候采取下一步行动?"《易经》是关于改变和管理变化的,其中包括时间的重要问题,有时可能只是等待适当的时机去做某事。但在焦虑的情况下,有时候很难保持耐心。

战略决策涉及信息分析,但更多地依赖直觉、勇气和最佳时机。把时间纳入考虑范围,就是直觉地知道什么时候说"是"、什么时候说"不",什么时候睡觉、什么时候去冒险,或者什么时候该延迟满足。依据我自己的经验,我认为在正确的时间做出正确的决定是一个成功的企业家或首席执行官需要具备的高超技巧。虽然这种技巧更多地体现在具有领导力的人身上,但熟练地做出最佳决策其实也适用于我们每一个人,因为我们都是我们自己个人生活的首席执行官。

我们在时间上有这么多麻烦的一个原因是,我们现在迫于压力要调整所有的东西,或者以某种方式尽快改变一些事情。我们受到时间管理理论家们称之为"急躁症"的困扰,我们总是匆匆忙忙,在我们还没有给眼下的事件充分的时间和空间让其展开之前,就匆匆赶着去做下一件事。不管我们的决定是为了个人,还是在更广泛的领域内抉择,有时稍做等待更为明智。决定不做决定,至少眼下最好如此。有时确定自我(或弄清自己的主张)比解决问题更为重要。练武术时(武术深受道家智慧和《易经》的影响),人们知道,有时确定自我更为明智;有时保持耐心最好,甚至什么都不做比乱做更好;有时撤退更有利于我们。尽管它可能使股票交易者感到沮丧,但知道正确的时机去买进或卖出股票却不能仅仅依靠对信息或趋势的分析来确定。对于真正伟大的时机,我们需要直觉来判断。

直 觉

正如我前面所说,《易经》不是用来算命的,甚至不是一本教人智慧的书。《易经》咨询,建立在真诚的意图基础上,主要是一种互动的经验(即使没有电脑)。这种互动可以激发我们的直觉,让我们跳出自己狭小的空间,在更大的范围里思考问题或困境。面对这些问题,逻辑本身无能为力。

西方世界美化了理性,并寻求科学来解决大多数问题……如果科学不能解释某些现象,一些科学家就会认为,那是不值得考虑的问题。逻辑思维的假设是,如果我们有足够的数据,就会有好的答案。随着互联网的兴起,以及它对即时获取无限信息的承诺,人们认为,合理的决策将变得容易和方便,最好的结论将更加一致。

极端的理性主义决策者的弱点是倾向于推迟整个过程以等待更多的信息,但这样做意味着他们可能失去机会。那么,我们如何确定哪些信息是真实的或有意义的,以便我们能够及时做出决定呢?具有讽刺意味的是,我们需要直觉来帮助我们决定相信哪些

"事实"！

当我们试图用科学的方法来预知宇宙、市场、甚至人际关系的神秘运作时，我们必然会犯错误。虽然左脑和右脑都在参与，但最好的战略决策是由直觉引导，并得到逻辑支撑。几十年来，利用强大的计算机，类似左脑处理的最终模型，我们终于认清了它们的局限性。好的直觉不仅仅依赖于分析性的处理黑白的能力，许多科学、音乐和商业上的伟大发现都是由梦、视觉或直觉所激发或引导出来的。那么，为什么科学往往低估这一影响科学发现本身的事实呢？也许是因为创造性灵感的现象发生在一个无法测量和控制的领域，这使一些科学家感到不适。

毫无疑问，逻辑分析和科学方法在解开自然之谜和帮助人类发明新技术方面都起了重要作用。但现实世界的经验表明，直观的因素有时通过夜间做梦或白日梦，已经在许多科学发现处于突破阶段时起了关键作用（包括"思想实验"，先于量子力学，爱因斯坦的相对论最终被数学证明先于被事实证明）。直觉是直接认识的能力，它发生在理性推理之外，这使得它看起来很神秘。直觉会在普通的思维和意识，以及任何科学家能测量的事物之外发挥作用。对于许多科学家来说，这是很难理解的，即使他们从中受益。

直觉的洞察力可以以不同方式产生，从模糊的直觉到某种东西，再到充分暴露了的事物的轮廓。它可能是一个数学方程式，一段旋律的乐谱，一个发明，或者仅仅是一个关于最好路径的感觉。它也可以是一个新的思想，产生的结果却能解释《易经》卦爻辞的原型符号形式。像《易经》这样的占卜系统能激发我们的直觉。《易经》管理工具是从谦逊和整体论的哲学中产生的，它欣赏宇宙秩序，超出了我们逻辑推理能力的有限性。

在战略决策方面，像《易经》这样的占卜系统为我们提供了一种激发直觉、增强创造力、改进时机和做出更好决策的方法。

使用《易经》的好处

直觉性决策

决策的影响超过了生活中的任何其他因素。我们决策的好坏决定了我们成功和幸福的程度。当我们面临更多的挑战时,由于危机或情绪反应淹没了我们的意识,逻辑推理就变得左支右拙了。不管你有多少信息,怀疑自己是否做出了最好的决定是很正常的,尤其对于一件重要的事情。烦恼和焦虑只会增加压力,这会让你更难把事情看清楚。考虑到大多数人没有现成的导师或顾问,我们尊重他们的智慧,但更多的时候我们需要充分利用我们内在的直觉。

《易经》提供了接近深刻智慧的直接途径。我们因之而获得的洞见使我们更容易接受和走出困境。《易经》提供的支持有助于让你的决定更容易实施。压力会变成动力,并建立起我们的信心,混乱的人际关系会朝着更有序的方向发展。

头脑清醒

《易经》咨询的过程提供了一些"仪式空间",会让人进入一种非情绪化的心理状态,这样才能清楚地表达一个疑问、问题或困境,有助于你清楚地知道你究竟想要什么,以及它对你真正意味着什么。在一个有争议的问题上获得清晰性,最简单的行动就是朝着有利于其解决的方向迈出重要的第一步。

不执着、更客观

《易经》咨询有助于在你进退两难的现实处境和想探究缘由的专注心境之间进行调节。仅仅做这个仪式,就能创造一些情感距离,帮助你从你所关注的任何问题或恐惧中暂时出离。你越不执着,灾难性或威胁性的情况就会更少,恐惧情绪对你看清什么即将发生的影响也会减少。你会从更广阔的角度去看待事物,更加客观。熟练的调节那种不执着的心态,在任何情况下都会给你强大的优势,带来更多的创新方法和更好的选择。

更加放松

长期以来的研究证明,放松的平静状态是直觉、创造力和任何努力做成某事所需要的最佳心态。《易经》让你专注于对个人有重要性的问题,减少焦虑,调整你的意识和潜意识,使它们能够相互协调,并与超验性精神建立联系,以获得最大的智慧和有效性。

清晰的直觉

《易经》通过产生一种与你的潜意识相呼应的模式来激发直觉。你对卦象的阅读和解释实际上激活了你的直觉。没有必要照字面上的意思来理解。通常,《易经》以一种新的想法或洞见的形式,来暗示某些与你有关的事情,并对你进行调整。这些对你来说只是"感觉是这样"。使用《易经》不是一个相信某事的问题。把它想象成帆船上的舵或航海指南针吧,虽然稍微有点不精确,但能有效地引导你的船通过翻滚的波浪、汹涌的大海。

伟大的建议

为了从《易经》中获益,你所要做的就是接受新思想的产生。没有必要执着、固守某种东西,甚至不必遵循《易经》文本的字面意思。你对所得之卦的解释或许会、或许不会在你的头脑里激发出一种有意义的洞察。千百年来,对于高智商的人,他们发现卦象更好地指导了他们的思想和行动,给他们提供了清晰的图景。这是他们期待的结果。

为了更多地从《易经》中受益,必须学会如何有效地使用《易经》。由于荣格的研究和实践,我们现在有能力描述当我们咨询《易经》时所发生的事情,以及背后的心理。我们将在下一章探讨这个问题。

第二章 《易经》如何发挥作用

回答不同类型的问题

在他去世之前,特伦斯 HYPERLINK "javascript:;" · HYPERLINK "javascript:;"麦克纳(Terence McKenna),一个现代的神秘科学家,向我问起编撰《易经》的古代先贤。他想知道,与现代科学集中解决的问题相比,古人如何对待不同类型的问题。特伦斯精辟地阐明,现代科学主要关注的问题是,"事物由什么构成?"这样提问倒是导致了许多有用的发现、突破和新发明。东方的古代先哲们感兴趣的是另一个问题,即涉及人类社会、关系和政治的问题。他们更具战略性的问题是:"事情是如何进行的?""什么时候是下一步行动的最佳时机?"

科学方法不考虑时间或时机有什么相关性。据推测,如果你在星期二晚上做一个受控的实验,你在星期六中午重复同样的实验,结果将会相同。在科学方法中,时间从等式中被去掉了。尽管它在科技方面做了很多有益的事情,但科学并没有教会我们什么是好的时机!

在一个变化加速的时代,技术飞跃,加上文化之间的冲突、政治动乱,以及新型的人际关系,中国古代圣贤对社交网络的兴趣又一次走在了前面。科学为人类创造了奇迹(也创造了一些恐怖),但把东西拆开再形成新的组合是不会解决人类在征服和控制自然方面所造成的混乱与问题的。现在应该重新学习如何与自然打交道,学习做出带来和谐的抉择,这样的抉择通过发展我们的直觉(这是选择好的时机所需要的)而能够与更高的意识形式结合。如果我们能及时了解什么样的事情在什么时间能够同时出现，那么我们就能在正确的时间做出正确的决定。这不仅仅是符合短期利益的正确之事，而且是为了所有人的利益包括子孙后代的利益的更好的决策。

古代圣贤高度关注人类的社会和政治，如关系、政治、对话和交易等，这是人类生活的重要领域，是有效管理变化以取得成功的首要因素。逻辑可以帮助我们分析一些问题，但无论是象棋游戏还是生活游戏，在什么时候下一步好棋的问题同样重要，这几乎完全得依靠直觉。最佳时机，在正确的时间采取正确的行动，是有意识的决策所能达到的最高水平。深度心理学家荣格对时间的相对性进行了研究，他提出了占卜系统的两个组成部分，即原型和共时性原则。让我们来看看这两个部分，这是占卜系统的核心。

原　型

在帮助我们理解像《易经》这样迷人的古代智慧和原型心理学占卜系统时，荣格比任何人都做得更好。通过解释共时性和原型的概念，他揭示了占卜系统如何被用来做出更好的决策，并以更有意义的方式来管理我们的生活。

荣格着迷于《易经》六十四卦的集合，他把每一卦都当做一种能量原型的代表。荣格的原型理论以柏拉图的形式概念为基础，原型是理念的形式，为自然提供了模板，并影响着人类社会。荣格接受并提炼了这一概念，将其整合到他提出的更新、更深的心理学之中，这就是"集体无意识"。"集体无意识"是神话、梦中图像的源头，是跨文化和跨时间的具有普世意义的原型。

像《易经》六十四卦这样一套原型，是一个能量结构和心理力量的景观图，它们在描述并重塑着人类的意识。这些普遍的能量在我们每个人的整个一生中内在地起着作用。原型代表并反映了人类意识的品质，表现在我们的行动、反应和欲望中，其能量状态暗示我们在人际关系、商业往来、社交场合应该扮演的角色。

例如,当我们考虑最高的原型时,我们并不是在考虑一个实际的政治立场(如国王、王后、总统等),而是在力量的心理定位或强大影响力中的我们自己。根据荣格对原型的理解,这个帝王般的最高原型,其本质就是每一个个体的内部心理(其他所有原型也是这样)元素。这点无论怎样强调也不为过,即原型都是能表达意义和感情的隐喻意象,它们不是字面上的东西。

我没有列出所有可能的原型。不同的占卜系统如塔罗牌、星相学也可以描述它们。数字命理学和《易经》是原型心理学的新形式,也可能来源于古老宗教的超自然力量。在任何一个系统中,荣格都断言原型不能完全被框死。因为它们存在于集体无意识中,它们不能被拥有,只能被接受或被表达。如果一个符号、行为或活动在世界各地和整个历史中都有表现,如荣格在不同文化的梦境中分析得出的东西,他就把它看作是一个普遍的原型。《易经》六十四卦代表了一组原型,他认为这是一个真正的、平衡的原型组合,里面包含了自身的光与影的全部排列。

个体在不同的时间以不同的比例表现出不同的特征,但在某种程度上,每个原型的能量都包含在我们每个人的心灵之中。这些就是决定我们潜力的东西。有一件事让我们安心,因为我们知道我们都拥有同样的东西,只是比例不同,同样的本能、欲望、需求、冲动和恐惧。荣格还告诉我们,每个原型都有黑暗的一面和积极的一面,他提到的阴暗面,就是我们认为的"影子"。

影子是一个适合所有人性压抑、恐惧的形象,它自身就含有否定性,但原型在任何客观的意义上既不是积极正面的,也不是消极负面的。然而,如果人类的自我对原型有太多的认同感,被它压倒或淹没,而不对其进行能量调节,就会导致自我膨胀和其他相关的问题。(关于荣格的原型和阴影理论,请参考约瑟夫·坎贝尔[Joseph Campbell]主编的荣格文选,其中一本是《可携带的荣格》。)

为了使占卜系统成为一个真正有用的、反映真实和激活潜力的工具,它的原型组需要在光与影之间保持平衡。一幅温暖、图像朦胧的"新时代"卡片可能会让人们感觉更好,但这样的发明将不能准确地反映人类的状况,也不能作为决策支持的好工具。另外,《易经》反映了一个平衡的人类经验,其中包含有阴阳两元素。

当原型能量向我们涌来、流入我们的内心时,我们需要意识到它的到来,并尊重它。只有当我们觉知到一个原型在我们内部运作或正在流经我们时,我们才能有意识地引导这种能量,达到对这条龙随心所欲的驾驭。生机勃勃的生活的艺术是能够将我们的潜意识也即原型,与我们的有意识的选择、承诺和行动联系起来的。这是发展自我认知和身心整合的路径,是得到智慧和成功的跳板。这不是用原型来分析事物,就好像它们是现实的砖瓦,而它们不是砖瓦,它们是充满活力的能量库,通过沉浸在现实中的人类来运作这些能量。这是在寻找意义而不仅仅是搜集信息。认识到现实中的原型这一维度,并学会使用它们,这是《易经》能让我们跨出一大步的原因。

共时性原则

荣格的密友爱因斯坦是他晚餐的常客。爱因斯坦对荣格的影响是巨大的,例如,爱因斯坦向荣格提出了相对论可以应用于时间和空间的观点。荣格在他的日记中这样写道:

> 是爱因斯坦让我首次想到了时间和空间以及其心理条件可能相关的问题。三十年后,这种启迪使得我与物理学家泡利(W. Pauli)教授有了接触,并启发了我的心理共时性原理。

共时性，正如荣格所定义的，描述了存在于神秘的时间维度中的关系，如两个或更多迥然不同的事件的结合，这可能会产生顿悟或创造性灵感。

各种社会中的人类都接受了事件在时间中可以聚集在一起的观念，如民间谚语"好事成三"（good things happen in threes）等。在当今的科学世界里，我们倾向于摒弃像迷信这样的观念。然而，当荣格亲眼目睹了他的心理治疗实践，认为我们的巧合是具有深远意义的，如果我们从象征性、心理性这个角度来认识的话。荣格创造了"共时性"（synchronicity）概念来定义和描述有意义的巧合，这种巧合的出现是与他所谓的"集体无意识"因直觉性的接触而发生的。荣格1928年创造性地提出了"共时性"概念，首次公开使用是1930年在卫礼贤的葬礼上，1950在为卫礼贤的《易经》译本作序时他详细解释了这个概念。

在一篇名为"共时性——非因果性连接原则"（Synchronicity, An Acausal Connecting Principle）的论文中，荣格从东方的角度比较了东西方思维的不同。他说：

> 这涉及一个奇怪的原则，我称之为"共时性"。这个概念与因果关系截然相反，因为后者只是统计的真理，不是绝对的，它是一种事件如何发展演变的一种工作假设，但共识性把时间、空间中同时发生的事件不当作单纯的偶然发生，而认为它意味着更多的东西，即客观事件之间以一种特殊的方式相互依赖，与观察者和被观察者主体的（心理）状态相互依赖。

虽然共时性似乎违背了科学方法，科学试图客观地确定、测量和预测因果关系，但荣格的共时性原则是由物理学家海森堡在1937对不确定原理的阐述中才得到了科学的验证。在他的证明中，海森堡演示了在亚原子粒子内感知的行为如何影响被感知的事物,这基本上意味着客观、精确的测量是永远不可能的。在给定的情况下,在给定的时间内,所发生的一切都参与其中并互相影响,包括感知者的意识。这是对荣格的共时性原则很好的描述。通过超越纯粹逻辑思维的线性方法和狭窄视野,荣格向我们展示了如何更敏锐地知觉整体,那就是利用意识的非理性功能,即感觉和直觉。

尽管他们缺乏现代技术(或者可能因为这一点),这些相互的关系和时间的重要性对古代的先哲们可能更为清楚。即使我们现在擅长运用逻辑的、客观的探索和发明技术的方法,我们在认识主观经验和客观现实之间的关系时,也会受到阻碍。(传记作家沃尔特·艾萨克森[Walter Isaacson]认为,甚至像爱因斯坦这样胸怀非常宽广的科学家,对自己在亚原子物理学领域的研究也不是完全满意。)不过,几乎所有关心注意力和反映的人都会记起让人惊讶的事件的同时发生,它们为他们的生活带来了实质性的意义。这就是行动的共时性。

共时性有三种类型。第一种发生在这种情况下,一个人产生了一个想法,此时,在他或她的感知中,一些相关的外部事件也同时发生了。在这种共时情景中,我们立即获得了意义。第二种类型发生在这种情况下,我们的内部心理过程呼应了在一定距离之外同时发生的另一个事件。第三种类型的情形是这样的,一个内在的想法与一个尚未发生的外部事件发生了共时性,但那时没有因果关系表明这两者会有联系。最后,两种类型的共时性不能立即被感知到,它们只能在后来的时间中得到验证。第二、第三种共时性指出了体现在《易经》"变爻"和"之卦"中的"预测性智慧"。

共时性原则是如何通过《易经》被激活的呢?首先,在《易经》咨询中,当你框定了你的问题并凝神于此时,你有目的地进入期待接受的状态,以至于有了共时性应答。通过掷币(或者,用传统的著草起卦），你将一个看似随机的元素投入到一种反应式中。如果你一边起卦，一边保持期待的焦点，你就在创造着你自己的、有意义的共时性。

《易经》像一面镜子那样为人们了解个人的处境或特定时刻提供智慧，而不是把事件逐个拆开，分析它的组成部分。《易经》将所有元素作为一个天衣无缝的整体的一部分，来观察特定环境中的动态元素。荣格对此非常着迷。其中一个一致性元素就是，你抛币时硬币落下的方式。荣格写道："对自然过程的整体性不需要任何强加条件和限制……在《易经》中，硬币的下落正好符合它们的要求。"

了解荣格的心理世界的关键就是，现实是一个主观和客观经验相互交织的互联网，共时性提供了两者之间的链接。荣格的研究与20世纪的量子物理学不谋而合，他对共时性和意识的解释借用了这种硬科学。尽管如此，想到自己是一个受人尊敬的科学家，在二十年的时间里，他不愿意写或谈论这点。荣格事实上告诉了我们，量子物理学证明了某些行为只能被称之为"矛盾的共时性"，这将有助于了解占卜系统是如何发挥作用。

共时性原则的应用是基于这样一种观点：在同时发生的事件中寻找意义可能比根据因果关系的概念来预测事物更有效（甚至可以借助统计学的帮助）。古代的观察者缺乏我们的记录技术，他们过着比现在简单的生活，所以更容易体会到这一点，并创作了一本关于变化的书，把他们敏锐的观察用于解决社会和人生的诸多问题。将数字巧合的魔力与受到启发的、平衡的六十四个原型集相结合，他们可以适时的破译事物如何同步的模式，这就导致了《易经》的产生。今天，我们可以从中获得更大的智慧、更好的时机、更巧妙的决策。

第三章　如何起卦

准备使用《易经》时,你的心理状态是影响卦的关键因素。有时人们感到焦虑、疑惑和苦恼时会求助于《易经》。当你感到困惑,却不明白事情为什么会这样时,很容易感到恐惧。不幸的是,恐惧的情绪容易控制你的意识,在你最需要的时候阻碍你的直觉。

在混乱或重大变化的时刻,花一些时间来诚实地、自信地确认一下你对真实处境的忠诚度,并采取这样一种心态,即一切都会按照你所希望的方式来发生,不管你是否完全明白究竟发生了什么。(再一次给你一个有用的提醒:事情并不像看上去那么糟或那么好。)如果你感到被强烈的情绪所压倒,你别无选择,只能询问你的感觉状态,而不能专注于其他事情。暂时别想战略性问题,直到你处于一种更平静的状态,这时你会更客观。

询问任何事情都没有意义,除非你能保持内心的平衡。当你准备起卦时,要保持冷静、专注,对学习保持开放。当你咨询时,你的注意力与清晰性结合得越好,你就越容易理解和阐释卦象的内容。因此,在进行《易经》咨询之前,首先要做的就是任何能最有效地让你聚精凝神的事情,哪怕只做几次深呼吸。重要的是形成一种放松、凝神的心理状态,这是一种难以捉摸的精神,即集中又放松的开放思维。

形成一种起卦仪式

多个世纪以来,起卦最常用的方式有两种:蓍草法和掷币法。近代更常见、更容易的是用三个硬币。无论你决定使用哪种方式(蓍草法见附录二),确保留出足够的时间(抛硬币的方法需要二三十分钟),使你能够有足够的时间进入冥想,聚焦于你的问题或困境,产生真诚的愿望来认识真相、获得智慧。形成你自己的仪式,以对你最有效的方式来起卦。

在形成一项仪式时,要清楚你希望达到什么目标。你可能是要做一个重要的决定。如果是这样,那就做做冥想;或者生活中发生了一些变化而带来了压力,那就做一些能减轻压力的事情。这些通常不是自我的目标。自我往往会沉迷于让事情完成,或者让事情发生。我们可以把起卦看作是一种互动性的冥想练习,一种有特殊意义的过程,它可以帮助我们暂时摆脱自我,这样我们才可以接受指导,并从更广阔的视野中获益。

在形成你的《易经》仪式时,有些因素是你可能知道的,你也明白怎么样做才会让自己更舒适。在这种仪式中或者其他占卜实践中你就可能会获得灵感。你可能不得不学习如何使用蓍草来起一个精致的卦,或者用你自己的简单起卦法。

为了形成一个有意义的仪式,没有必要把它与其他人的仪式,甚至你的祖先或你所继承的传统的仪式进行比较。做你感觉到某种力量引导你去做的事情,你应富有创造性。把你的过程一步一步写下来,不时去编辑和修改它,让它趋于完善。相信你的直觉,但是要有系统性和一致性。你应该形成一个有意义的、你自己可重复做的过程,哪怕它是世界上新奇独特的方式也无所谓。我们的目的是在你和神圣智慧之间形成一个通道,以便让你更好地接受。

占卜仪式的第一步是静下心来,比如深呼吸或者吟诵一些令人开心的东西。对有些人来说,洗澡是一种愉快的方式。通过这些,在开始仪式之前,集中注意力。冥想是一种极好的静心练习。除了让人放松,它还能在直觉中拥有更好的接受性。我们要有意识地、有目的地放弃心理期待的任何特定的答案或结果,我们要的就是窥见真相。通过你的仪式,通过放松,让心灵度个假。"腾空"那些通常占据着我们心灵的东西,这会增加你对共时性和原型的辨认和接收,这些才能让你认清你的处境、困境或决定。

有些人有时间来选择一个更复杂的仪式,其中可能包括一天的某个特定时辰、特殊的服装、护身符、诵经等,他们可能更愿意用传统的、需要大量时间精力的蓍草起卦法。有些人则会点蜡烛、燃香或闭眼做深呼吸。这些对于放松、静心足够了。选择你觉得最舒适的方法。找到一个放松的方法,凝神静气,在心理上做好准备,进入一个让直觉能够接受的状态。当你形成了一种适合你的模式时,就坚持下去!

选择一个特殊的精神修炼场所,包括起卦的场所。这个场所不一定是一个精致的、有室内喷泉、棕榈植物和如来佛祖雕像的场所。但是如果你感觉不错,你也有资源,启发性的艺术作品是有助于你产生踏实感的。就像每天坐在一个特别的垫子上,在一个特定的时间冥想。用一个简短的《易经》仪式来开始一天的冥想,这是另一种冥想方式,它可以帮助你把注意力从日常生活的琐事中摆脱出来,使你的思维转向更清晰和更广阔的视野。

你大可不必弄一个仅仅用于《易经》的场所。其实,无论你在哪里,你可以关闭一个房间的门,点燃一根香,以确定一个仪式空间。一张鼓舞人心的照片:一座古老的寺庙,一处自然风景或神圣形象,这些都是一种便携式设备,它们可以随身携带,帮助你静心。在任何情况下,不要对物件附加太多的含义。你从《易经》中获得的信息来自于你的内心,而不是来自外部环境。

一旦你进入恰当的心灵状态,你就可以开始起卦了。

怎样框定你的咨询主题

你不会让电工修理你车里的齿轮吧,你也可能不会向你的汽车修理工询问炒股技巧。同样,当你从一个值得信赖的系统中寻求好的建议时,重要的是提出正确的问题,以便得到你可以信赖的有用信息。《易经》的目的是传递与处境和困境有关的洞见和明智的建议,以及"山雨欲来风满楼"的预感(如果变化很强烈的话)。它并不是用来回答寻求数据之类的问题的,是/不是的问题,或预测未来的问题,尽管在遵从其建议时《易经》确实揭示了趋势线和可能的结果,这些结果可能关涉对某个问题的建议。

像对待一个明智的顾问或导师一样对待《易经》,主要是寻求指导。但是要记住,不管建议多么好,你最终都必须自己做决定,自己下注。

《易经》提供一个方法来获得对正在发生的事情的看法,它以洞见,以不受时间影响的智慧来帮助我们接收新的信息。因此,为了找寻到智慧或建议,你要提出正确的问题。为框定你的主题而选择的词汇,就显得很重要,因为它们让你专注于你的仪式。我们寻求的是对一个问题的智慧而不是预测。对于某个"主题"或"个体",我们也许想的是"什么是最好的方法?"在这种情况下,你最需要的就是关键词,没有必要把某人的名字或小纠结作为一个问题。

有两类占卜咨询:大的图景和特写。当你没有陷入危机时,大图景问题会很好地发挥作用,对你生活中的性格特征或人生趋势感兴趣,或者你与另一个人的兼容性感兴趣。像下面的问题,如"请给我反思一下我生活中发生的事情",可以简单地称之为"此时此地",或者"清楚说明什么阻碍了我"。大图景问题在这些方面可以大显身手。小心那些过于宽泛的问题,比如"生命的意义是什么?"虽然《易经》利用了道家哲学,也代表着复杂的道家哲学,但《易经》不是用来解释哲学的。

当您面对特定的困境需要做决策时,特写类咨询最有效。类似这样的问题,"如果考虑这个选择,我遗漏了什么信息",可以尝试将其作为你的主题。如果你知道你需要一种新的方法,你可以把"如何看待这个问题"作为一个主题。或者,如果你想知道,"此时与某人相关的最好的策略是什么",你可能只想把此人的名字作为你的主题,把剩下的问题隐含其中。

　　对待眼前必须处理的问题时,最好咨询一下《易经》的态度和方法,而不是什么即将发生的具体细节。避免询问诸如"我在哪里能找到工作"之类的信息,或者"谁是我的梦中情人?"如果把这些问题改为:"为了找到一份满意的工作,最好的行动是什么?"(或干脆就是找工作)和"我应该如何寻找合适的伴侣?"(择偶建议)如果你提供适当的问题类型,并以简洁的方式表达它们,这会帮助你专注于这些问题,你可能会有一个更满意的《易经》体验。

　　人类渴望能够预测未来,但《易经》不回答有关具体数据或预测的问题。好的解卦能提供更好的方向感,得到基于永恒智慧的建议。另外,没有必要把你的咨询表述成一个全面的问题。你可以在你的《易经》仪式开始时记下一个特定的主题,并写下你和某个关系中的人或情况的名称。在任何情况下,强烈建议写下你的咨询主题(包括如果你使用的《幻想易经》应用程序,其中有这方面的功能)。写下你关注的主题会增加问题的清晰性,使得对卦的解读更加清晰。

　　有几个重要的生活领域,目前的困难是仅仅依靠逻辑无法解决的。对关系和爱情的询问是《易经》通常会用到的地方。在其他逻辑很有限的领域,如政治、谈判、情感冲突和把握最佳时机等方面,占卜更有效。

　　运行I-Ching.com网站已经十多年了,我们注意到,处理关系等咨询之外,与职业和工作有关的问题形成第二大类。这样的问询者可能想知道失去工作后的下一步做什么,寻找提高自己职业生涯的方式,或寻找真正的智慧。这些问题往往集中在个人与外界的联系、感情、目标或职业上。自我完善和自我内省也是常见的咨询问题,这些主题关注的是个人与自己的联系,如他们的目标和梦想,以及他们个人的命运。

有时,人们会错误地希望神谕来回答他人的感受或行为。虽然很自然地想知道这一点,但对于《易经》来说,这是一种错误的咨询,因为它不起作用。即使你试图用《易经》打听他人,神谕也只能对你的精力和个人问题作出反应,例如,害怕面对面、没有安全感或缺乏信任,而不会反映出他人的任何事情。毕竟,是你在掷硬币!

你可能会问他人的意图,因为你感到嫉妒、害怕、有希望或害羞? 你自己究竟怎么了? 通过咨询如何处理你的困境,你会发现更多的意义。如果一个朋友或爱人要求你为他们起一卦,就给他们看这本书中的说明,或者给他们演示如何自己去查阅《易经》。

无论如何,避免无礼或轻浮的咨询。古人告诉我们,"诚则准",如果你想让《易经》替你出主意想办法,你的态度必须真诚,讲究方法,正确地框定你的主题。记住,占卜的目的并不是预测未来,未来是你自己创造的,是通过你做出的决定来创造的,不管是否有《易经》的指导。《易经》只是帮助你了解情况,以便做出更好的决定。如果你从《易经》释卦中得到的是一个创造性的新思想,它能让你找到一个新的或更好的方式来考虑你的情况或关系。《易经》已经为你做了一个很好的工作!

当你有机会释卦,并希望收集到一些宝贵的洞见,那些激发新思想或打开更广阔视野的思想形式时,你将能够做出更明智的决定,知道你已经朝着与你的命运相一致的未来迈出了一步。这是任何人都能做到的。

如何确定你的卦

抛掷三枚硬币时,把注意力集中在你要询问的主题上。每次抛币时,你可以在纸上看到它(或者在应用程序上查看它,它会显示你的抛币过程)。把三个硬币松散地握在手中,轻轻摇动,然后轻轻地把它们全部扔到桌面或地毯上。每一爻取决于硬币出现的正反面,3是正面,2是反面,然后再加总。所以,如果你抛掷的是一个正面和两个反面(3 + 2 + 2),你的第一爻将是携带7的值。

[哈哈,我们希望用中国铜币创造不同的图像……我这里也有。]

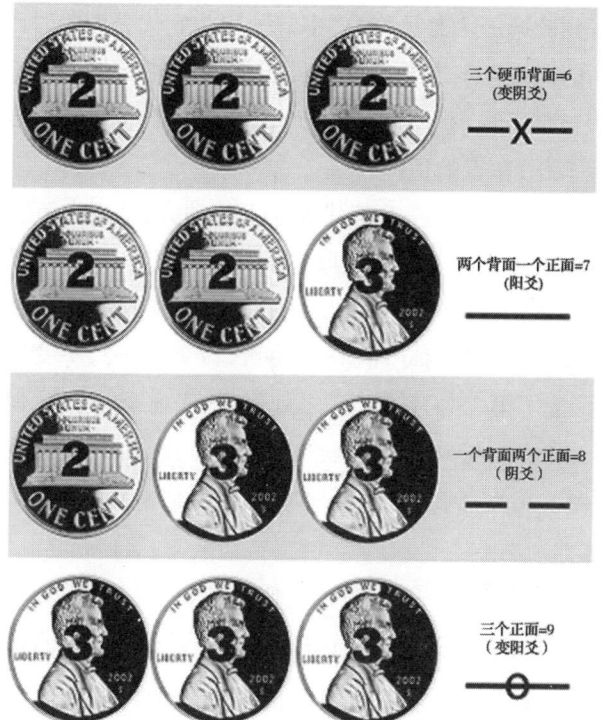

收起硬币然后再重新掷,共做六次,记录每次的数值和相应的爻,三爻一卦,共两组(形成一个六爻的卦)。记得六个爻每次都从下往上排。

卦的解剖图

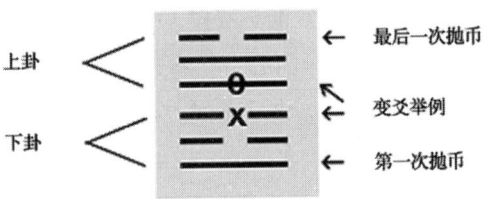

你得到的第一个卦被称为"本卦",因为它代表着此时此地在其中起作用的能量。本书配有六十四卦查对表,指导你了解该卦的释读。使用查对表时,下卦(你所画的前三行)都列在左,上卦(你所画的最后三行)在表的顶部。

爻由阴阳组成,每一爻都代表当下的动力,是正在流动中的或阴或阳的元素。这些爻的产生取决于三个正面或三个反面(数值为9或6)。在线的中间用 X 表示为阴(值为9)或阳为 O(值为6)。

把变爻转化到其对立面(阳变为阴,阴变为阳),不变的爻维持不变,就形成了第二卦,被称为"之卦"。任何虚线(阴)标有 X 成为相反的阳,和实线与 O(阳)翻转成虚线(阴)。所有其他线携带相同的爻(即不变的)到新的本卦,这就给出了你本卦的变化方式。

如何阐释文本

许多人发现对《易经》按照字面去翻译显得晦涩、难懂,忠实于原文的《易经》译本给人留下父权制、甚至性别歧视的印象。在撰写本书的时候,我发现对传统的卦爻辞进行与时俱进的改写,才能更方便现代读者走进《易经》。另外,我删除了原文中具有父权制色彩的内容,改为高手之类的用语,将传统经文中的军事和战争指令改为反映有关机构和团队的内容,以适应当今的社会。

无论何时,如果你想给自己起一个卦,一定要留出足够的时间慢慢地、仔细地做。匆忙地起卦使你失去焦点、忽略对一个卦有意义的关键要素，但这并不意味着你应该对卦进行过度的分析。通常，你的第一本能，首先浮现在你脑海中的意义，就捕捉到了你所需要的核心信息、真实的情况、新的思路，以及引发直觉的刺激因素，过多的分析会造成混乱。在开始起卦之前，准备好笔、纸或录音机，记笔记是很有帮助的，把你每次起的卦都记录下来，便于以后参考，是一个好的主意。

一旦得到你的卦，先释读卦和爻，以及卦爻辞。根据你提交给《易经》的主题或咨询的问题来解释此文本，尽最大努力聆听神谕，避免过早下结论。有时，神谕的回应比你明确提出的问题更为紧迫，这反映了你更强烈的想法。

在我第一次阅读《易经》时，《易经》反映了我的自作聪明，结果是第四卦，即"蒙"（Youthful Folly），表示一个未成年学生对其老师缺少尊敬。《易经》完全忽略了我那个毫无意义的问题。哇，《易经》简直在和我开玩笑。如果你发现你得到的卦似乎缺少与你主题的相关性，考虑你的咨询是否是虚假的（如我本人的例子），或者提错了问题。如果你没有问一个不恰当的问题（如特定的数据之类的问题），你应该能够确定卦爻辞的相关性，特别是从新的洞见或建议方面去考虑。即使你得到的是一个新的想法，那是一件好事，也许是你现在能从阅读中得到最重要的内涵。

在起卦之前，问问你自己，你是否准备好了，愿意看到你的自我期望，你的所有恐惧。如实回答这个问题。然后，在你完成起卦之后，如果你觉得你注意力不够集中，可以重新再投硬币。当你平静下来进入仪式空间后，你就可以相信你的直觉，它能虔诚地接受，这是一种通道，对所有的可能性敞开大门。

得到你当时就不喜欢或不理解的卦时，不要急于马上重新起卦。《易经》的反应可能不是你所期望的，但它可能是你所需要的。

继续起另一个更清晰的卦,把第一个放在一边,把它置于特定的情境中,用新的眼光再去观察。如果你有更多的角度,那个卦会获得更多的理解。因此,如果一个卦的意义还不明确,那么就给它一些时间,先处理其他的事情,过些时间再回来看看。

有位《易经》使用者想咨询他苦苦挣扎的婚姻,得到的卦却令人费解。《易经》没有直接回应他,他开始寻求更深层次的含义。深入下去的每一层却带来了更多的困惑。后来,再回去看看《易经》的结果,他发现该卦的标题其实对他的问题已经做出了回答,他却在拒绝倾听,因为他的情感倾向于以某种方式得到某种答案。随着时间的推移和真正的反思,他才能看到那个卦的真实含义。这种情况并不少见。《易经》频繁地提醒我们,即使我们开放了自己的直觉,还要坚持不懈地往前走。

变爻及之卦

如果卦中没有变爻,这意味着你询问的关系或处境此时没有显示任何动态的变化。

致　　谢

　　1988 年，我开始研究世界上第一个《易经》软件程序，是适用于麦金塔电脑（Macintosh）的多媒体产品，我称之为"共时性"。我的道家朋友、作家查尔斯·詹宁斯（Charles Jennings）帮我理解《易经》原文。考虑到制作任何类型的第一个多媒体软件程序所涉及的所有任务，以及将其投入市场以资助这项工作的紧迫性，他的帮助是非常重要的。我感谢查尔斯出色的工作，支持我的研究，帮助我开发了一种新的、有声的、能够人机应答的、更易使用的《易经》。在我们的第一稿完成二十八年之后，我多次编辑并发展了这本新的《易经》，并以各种软件、书籍和应用程序的格式出版（英文版）。

　　琼·拉里莫尔（Joan Larimore）的印象派绘画以优雅的方式形象地描绘了 64 卦的元素和能量。我非常感激她那些富有启发的艺术作品给这本《易经》新作增添了让人浮想联翩的美感。

　　那亚拉·詹宁斯（Nayana Jennings），编辑和出版商，做了一个英勇的尝试，为这本《易经》的编辑和出版提供了宝贵的援助。

　　亚丽莎白·马奎斯（Elizabeth Marquis），平面设计师、艺术家，凭借琼的绘画创作了漂亮的封面设计。而且，像往常一样，一丝不苟的贾尼斯·侯赛因（Janice Hussein）进行了令人钦佩的校对工作。

　　我的儿子夏尼·奥勃良（Shane O'Brien）多年来帮助我经营互联网业务，我可以挪出时间修订新版《易经》。

　　当然，我应该充满崇敬地向道家、儒家先贤鞠躬，他们将《易经》奉为一本永恒的圣典。在西方，我要特别感谢卫礼贤在 20 世纪初向德语和英语读者介绍《易经》,他的朋友、深度心理学之父荣格几十年的研究解释了《易经》的深刻内涵,并从心理学角度阐明了占卜系统的运作机制。

最重要的是,我要感谢《易经》本身,它鼓励我阅读它,并创造了《易经》的现代版本,一是以软件的形式,另外就是有美丽插图的纸本,以及 APP 应用程序。我人生中的成功和幸福,主要归功于《易经》给我的精神性和决策性指导。

附录

一、《易经》的起源与历史

《易经》是最古老的占卜系统,它也被许多人认为是世界上最古老的书。关于《易经》的发现和早期的历史有很多传说。

围绕八卦的起源与《易经》的演变有几个神话故事,其中最著名的是伏羲(公元前2852—公元前2737年),中国神话中的第一个帝王,他发明了书写、打猎、捕鱼,以及画出了《易经》八卦。据"河出图"的传说,伏羲在黄河边看到一只乌龟,他知道智慧来自直接观察自然,所以一看到龟背上的图案,他马上意识到八个象征符号的重要性。他看到三根连线和断线组合(后来成为《易经》八卦的组成部分),以及它们是如何反映了地球生命能量的活动。

还有一个神话描述伏羲对自然界其他模式的思考,包括其他动物、植物、气象,甚至包括他自己的身体。这些神话描述了他如何从他对所有事物的相互关联中识别出几个基本的元素,以及通过阴阳相互作用产生的变化模式。

有考古证据表明,早期中国的占卜仪式是用给龟壳加热直至烧裂,看其破裂的纹路(大概是八卦),并做解读。出土的有些龟壳上记载了对它们的解释,以便参考。在中国台湾和大陆的博物馆里,我有幸看到过刻有图案和文字的龟骨。

另一个版本还有龟壳上描绘的"女巫"的后代。女巫是古老的占卜师,能释读乌龟壳的纹路。根据传说,她们成了商朝的女王和皇室成员。在1899年考古证据证明它存在之前,这一直被认为是神话。有人说老子——道家的创始人和《道德经》的作者就是这个家族的后代。

道家、儒家传统认为，阴阳的排列组合与中国创世神话元素的结合为《易经》的产生打下了基础。把阴（字面上讲，"阴"在古代指山的北面）与阳（指山向阳的南面）这"两仪"按照各种组合配对，就得到基本的"四象"，再加一个阴或阳就得到八卦。

《易经》的基本排序能够延续至今的原因要归功于文王，他生活在公元前1100年左右。相传在商朝末年，商纣王在羑里囚禁了周文王。囚禁中，他思考了八卦，将它们两两组合得到了六十四卦。每一卦的组合都有特定的意义，我们可以认为是一种心灵受到启迪的状态。文王为每一卦命名，还用了几句话来说明它们的意思。据说他的儿子周公旦增加了解释，使《易经》具有了我们今天看到的形式。这个序列的六十四卦被称为"文王卦"。

几百年后，孔子成为《易经》的最重要护佑者，他把文本解释与注解推高到一个新的水平，称为"十翼"。孔子感兴趣的是把《易经》作为操作手册，以便在管理变革中做出正确的决定，做正确的事情，过有德性的生活。据他的《论语》（七章、十六章），孔子那时已经年老，据说他说过："加我数年，五十以学易，可以无大过矣。"

历史证据证明，《易经》和六十四卦是古代口头传统的一部分，早于有文字记载的历史。用卦来做具体的解释，这种操作不会早于公元前5世纪。公元前475年至公元前221年（被称为战国时期），《易经》的文本被合并成一本书，以便在极端动荡的时期更容易用于人们的咨询。后来《易经》在秦朝大规模的"焚书"中幸免，因为它被认为是非常实用的工具书。

我们今天使用的《易经》与公元前168年的版本没有本质上的不同，主要的区别是卦序不同。今天的顺序是公元前100年左右首先提出的，到3世纪成为通用标准。在我们所知道的中国历史中，统治者以及一般的民众在印刷术出现之前就已经在使用《易经》了。在这一时期,最常用的方法是蓍草起卦法。最好的蓍草是那些长在孔子墓周围的,但这种蓍草的供给是有限的!几百年后采用抛硬币的方法来解决蓍草短缺的问题。

二、蓍草起卦法

古代的《易经》起卦方法涉及一个相对费劲的过程,需要用五十根蓍草(或者其他小棒)。与占星家的记录类似,尽管计算机能够进行很快的运算,手工绘制图表却是一个仪式,帮助他们更好地了解客户的情况。用蓍草而不是用钱币起卦需要更长的时间,能酝酿更强的冥想氛围。掷硬币的方法,这个过程有六个周期,每一次投币都会产生一个爻。我们已经介绍过抛硬币的方法,爻是从下往上排。

如果你想用蓍草起卦,你倒不需要非得使用孔子墓周边生长的蓍草。你可以在工艺品商店购买合适的小棍,或用竹签、吸管、烤肉串的棍(把尖头削掉)、薄的木销替代。在任何情况下,应该统一尺寸(直径不要超过八分之一英寸)、干净、大约十英寸长。蓍草起卦至少得一个小时。下面是具体的做法:

1. 让自己集中精力,专心想着你要咨询的问题。在你手边放一本《易经》。从容器里取出49根蓍草,放在手里。

2. 把蓍草分成大小近似的两堆(随机做,不用计数),分别放在《易经》的两侧。

3. 从右边的一堆里,拿走一根,放在书上。

4. 拿起左边的一堆,分成四个部分,剩下的一堆里有1、2、3或4根,把这几根与书上的那一根放在一起。

5. 对右边的一堆重复第四步。把最后剩下的放在《易经》上，应该有 5 或 9 根。

6. 把《易经》左右两边的放在一起。重复第 2 步（大致分成两半，放回书的两侧）。

7. 重复第三步。

8. 重复第四、第五步。现在书上应该是 9、13 或 17 根。

9. 把《易经》两侧的收成一捆。重复第 2 步（大致分成两半，把蓍草放回书的两侧）。

10. 重复第三步。

11. 重复第四、第五步。现在最上面的那一堆的总数应该是 13、17、21 或 25。

12. 把《易经》左右的蓍草收在一起放手里。（如果手上有 36 根，书上应该有 13 根；如果手上有 32 根，书上应该有 17 根；如果手上有 28 根，书上应该有 21 根；如果手上有 25 根，书上应该有 24 根。如果你得到的不是这些组合中的一个，你可能弄错了，必须重新开始做。）

13. 数一数手上的蓍草，除以四（$36/4=9$；$32/4=8$；$28/4=7$；$24/4=6$）。这个数字对应卦的第一爻。在纸上写下第一行。（记住，第一行是八卦六爻的第一爻，在底部。）

14. 再重复做五次上面的 13 个步骤，做完一次添加一爻，从下到上。一旦你完成 6 次，你就得到了一个卦。

三、《易经》艺术家琼·拉里莫尔

这本书（和应用程序）中的六十四卦的插图，都是艺术家琼·拉里莫尔的彩色水彩画的扫描本。一些原作仍然可以直接从琼那里购买。拉里莫尔女士学习《易经》几十年,她用古代的神谕来启发自己的艺术。她这样描述她的过程。

> 六十四卦中的每一卦都基于一种隐喻,其创作来自自然界的两种元素,特别是八个中国元素,天、地、风、雷、水、火、山、泽。我先掌握每一卦的意义,记下一天的某个时辰,特殊的情绪状态,然后开始作画。这个系列的画作始于1990年7月,花了六年半的时间才完成。整个过程按照共时性顺序来做,先用《易经》的方式起卦,看下一幅画哪一卦。这项工作与自然界在各种天气情况下的情感动态性有关。你甚至可以说《易经》就是在关涉"宇宙气象"。

图书在版编目（CIP）数据

抉择/（美）保罗·奥勃良（Paul O'Brien）著；陈霞译. --北京：华夏出版社，2019.1
书名原文：Intuitive Decision-Making I Ching
ISBN 978-7-5080-9596-7

Ⅰ．①抉… Ⅱ．①保… ②陈… Ⅲ．①决策(心理学)－通俗读物 Ⅳ．①B842.5-49

中国版本图书馆CIP数据核字(2018)第244130号

抉 择

著　者	[美]保罗·奥勃良
译　者	陈　霞
责任编辑	梅　子　阿　修
出版发行	华夏出版社
经　销	新华书店
印　装	三河市少明印务有限公司
版　次	2019年1月北京第1版 2019年1月北京第1次印刷
开　本	880×1230　1/32开
印　张	8.5
字　数	205千字
定　价	39.80元

华夏出版社　地址：北京市东直门外香河园北里4号　邮编：100028
　　　　　　网址：http://www.hxph.com.cn　电话：(010)64663331(转)
若发现本版图书有印装质量问题，请与我社营销中心联系调换。